외계인 인터뷰

마틸다 오도넬 맥엘로이 여사의
편지와 메모
그리고 미공군 극비 문서

편저자: 로렌스 R. 스펜서
옮긴이: 유리타

아이 커넥

외계인 인터뷰
(특별 독자판)

Original title : Alien Interview
Copyright©2010 by Lawrence R. Spencer
All Right Reserved
Korean Translation Copyright © 2013 by Iconnect

이 책의 한국어판 저작권은 아이커넥 출판사가 소유합니다.
저작권법에 의하여 한국 내에서 보호를 받는 저작물이므로 무단 전재와 무단 복제를 금합니다.

특별 독자판을 출간하며

외계인 인터뷰 특별 독자판은 마틸다 오도넬 맥엘로이 여사가 자필로 쓴 편지 원본과 개인적인 메모 그리고 2007년에 맥엘로이 여사에게 받은 미 공군 극비문서인 인터뷰 필기본 사본만 담았다.

독자들이 보내준 호응에 힘입어 '외계인 인터뷰' 특별 독자판을 출간하게 되었다. 이 특별 독자판은 원판이나 호화판에 포함되었던 각주, 색인, 목차 그 외 부가된 참고사항들을 배제하고, 외계인 인터뷰의 '이야기'만 읽고 싶어하는 독자들에게 이야기 버전을 제공하기 위해 만들어졌다.

― 편저자 로렌스 R. 스펜서

외계인 인터뷰 (ALIEN INTERVIEW)

펴 낸 날	2025년 09월 15일 초판 16쇄
편 저 자	로렌스 R. 스펜서
옮 긴 이	유리타
펴 낸 이	유희준
책임편집	손민서
펴 낸 곳	아이커넥 www.iconnectbooks.com
등록번호	제251-2011-036호
등록일자	2011년 6월 1일
주 소	경기도 용인시 수지구 상현동 168-1 현대프레미오 101-1503 (수지구 수지로 41)
전 화	031-263-3591 팩스 031-263-3596
인 쇄	삼영애드컴 02-2267-7002
I S B N	978-89-966710-2-2 03840
판매정가	18,000원

잘못 만들어진 책은 구매하신 서점에서 교환해 드립니다.
이 책을 무단 복사, 복제, 전재하는 것은 저작권법에 위반됩니다.

이 도서의 국립중앙도서관 출판시도서목록(CIP)은 서지정보유통지원시스템 홈페이지(http://seoji.nl.go.kr)와 국가자료공동목록시스템(http://www.nl.go.kr/kolisnet)에서 이용하실 수 있습니다.
(CIP제어번호: CIP2013019388)

한국어판 독자 여러분에게

내가 편저자라는 영광을 누리게 된 이 책, '외계인 인터뷰' 한글 번역판을 여러분에게 소개하게 되어 나는 무척 기쁘다. 이 번역판은 매우 유능하고 항상 최선을 다하는 유리타님이 여러분을 위해 창조한 것이다. 여러분에게 이 정보를 전하는 일을 기꺼이 맡아 준 유리타님께 개인적으로 깊이 감사 드리고 싶다.

여러분도 알다시피 '외계인 인터뷰'의 내용은 2007년 전직 미 공군 의무부대 상사 마틸다 맥엘로이 여사가 자신의 몸을 떠나기 직전에 나한테 우편으로 보내준 것인데, 맥엘로이 여사가 내게 보내 준 인터뷰 필기본과 그녀의 개인적인 메모, 편지는 그녀의 요청에 따라 그것을 받는 대로 어김없이 출판했다.

1947년 7월과 8월 두 달 동안 로스웰에서 인터뷰가 있은 지 66년이 흘렀다. 5년 전 오늘, 로스웰 UFO 추락 사건 날을 기념하여 인터뷰 필기본을 출판했고, 이후 전 세계의 많은 사람들이 이 책에 있는 비밀스러운 인터뷰 내용과 편지를 접했다.

이 인터뷰 필기본에 담긴 정보는, 맥엘로이 여사를 통해 우리에게 친히 이러한 정보를 전달한 도메인의 파일럿이자 엔지니어, 장교인 에어럴이 '인류에게 준 선물'이라고 나는 개인적으로 생각한다. 지구 밖 우주 저 너머 문명에서 온 값진 정보를 접한 결과, 지구에 있는 수많은 다른 이즈비의 삶이 변하듯, 당신 삶도 변할 것이라고 나는 믿는다.

이 인터뷰 필기본은 지구에 있는 무수한 생명체를 살아 숨쉬게 하는 모든 이즈비를 위해 우리 자신을 위해 더 나은 미래를 창조하도록 우리를 도우리라 기대해 마지 않는다!

　여러분에게 축복을 보내며 이 글을 마친다.

2013년 7월 8일
편저자 로렌스 R. 스펜서

'외계인 인터뷰' 독자 서평

"돌아가신 맥엘로이 여사를 대신해 책을 출간하면서 당신은 명예로움과 의무감에 압도당하지 않았을까 생각했습니다. 주어진 여건에서 가능한 최고의 형태로 뽑아냈으리라 믿지만 아직 저는 데이터를 파기한 당신의 선택을 받아들일 수가 없네요. 거의 신성 모독으로까지 여겨집니다. 물론 당신의 입장을 충분히 이해합니다만 저라면 다른 방법을 찾지 않았을까 싶습니다. 더욱이 인터넷을 통해 누구든지 쉽게 정보를 접할 수 있는 요즘 같은 세상에 여기 이 책에 나오는 자료들, 그림이나 구두 증언 외에 더 많은 것을 우리에게 남겼다면 우리 모두에게 훨씬 더 큰 도움이 되었을 거라 생각합니다.

저는 이 책과 이 책의 내용이 우리에게 준 도전적인 과제들에 대해 깊이 감사 드립니다. 지도자라 불리는 몇몇 이들의 편견과 두려움을 드러내는 꺼림칙한 사건과 호된 시련으로 막을 내린 이 일이 저는 참 슬픕니다. 그럼에도 불구하고 다만 책 한 권의 분량이지만 여기 우리에게 남아 있는 이것이 참 소중하군요. 마지막으로 전 세계의 많은 이들이 접할 수 있도록 PDF파일로 만들어 주신 것에 대해 역시 감사 드립니다. 이 책은 많은 질문을 부르지만 또한 많은 사람들에게 놀라운 해답을 주고 있기도 합니다.

제가 이 책을 해답을 구하는 이들에게 추천할까요? 물론입니다! 가능한 모든 열정을 다해 추천할 겁니다. 훌륭한 일을 하신 것에 대해 깊은 경의를 표합니다."

— Expedia

"이렇게 흥미로운 자료를 공유해주셔서 감사합니다. 이 내용이 시사하는 것은 아주 엄청난 것입니다."

— Eric Mutschlechner 4

"이건 정말 훌륭한 책입니다. 이 책이 외계인을 소개하는 내용이었다면 저는 이 책을 사지 않았을 겁니다. 이 행성이 어떻게 지배당하고 있는지를 우선 배웠을 겁니다. 윌리엄 쿠퍼의 '한 마리의 창백한 말을 바라보라' 그리고 '에덴의 신들'을 읽어보시기 바랍니다. 외계인에 의해 종교가 쓰여졌다는(그렇게 조장되었거나) 걸 아신다면 이 책을 보세요. 이 책이 그 모든 것을 하나로 엮어줄 것입니다. 그러려면 당신은 우선 묶을 수 있는 끈이 필요할 겁니다. 그렇지 않으면 이 책이 거짓말이라며 던져버릴 테니까요. 하지만 이 책은 거짓이 아닙니다. 그러길 바라지만요. 저는 이 책에 최고의 점수를 줍니다. 만약 이 책이 사실이라면 지구상에 있는 모든 사람들이 이 책을 반드시 읽고 그리고 무엇보다도 먼저 믿어야 합니다. 몇 년 동안 외계인에 대해 공부한 후 이 책을 발견하고는 온 몸에 소름이 돋았습니다. 이제 이 책은 제가 여태껏 읽었던 모든 책을 통틀어 가장 좋아하는 책이 되었습니다!!"

— logic2reason

"나는 외계인 인터뷰, 이 책을 정말로 좋아하고 좋아하고 좋아합니다. 난 UFO광도 아니고 한 번도 내가 그렇다고 생각한 적도 없습니다. 하지만 친구가 이 책을 읽어보라고 링크를 보내주었을 때 내 수호 천사들이 이 책을 꼭 읽어야 한다고 외쳐댔습니다. 24시간이 채 안 돼 이 책을 다 읽었습니다. 정말로 이 책이 나에게 말을 했습니다. 그리고 모든

독자 서평

것을 바꿨답니다. 우리 모두에게 안겨준 당신의 예술적 가치에 대해 그리고 맥엘로이 여사가 준 이 정보를 모두에게 알린 당신의 용기에 대해 정말로 감사 드립니다."

— Love & Light, Renee

"앉은 자리에서 이 책을 다 읽었습니다. 그리고 정말로 감동받았습니다."

— Mookite

"이렇게 훌륭한 관점을 선물로 주셔서 감사합니다. 이 책은 많은 논쟁을 불러 일으키고 앞으로도 계속 그렇겠지만 진정한 보물을 알아보는 사람들에겐 양자 삼각분할이 딱 들어맞네요. 그 자료의 운명은 궤짝을 차지하려고 싸우다가 궤짝 안의 다이아몬드를 버리는 꼴이 될 게 뻔합니다. '이즈비(Is Be)'라는 이 용어는 이 자료의 진위에 대한 전문가의 인증서인 셈입니다. 대부분의 사람들이 인정하나 그럼에도 불구하고 우주론적 기원을 하나의 아주 특정한 차원의 좌표로 고정시킨 점은 현대 우주론의 너무나 명백한 결함을 메꿔 주고 있습니다. 저는 당신이 원래 자료를 파기하는 결정에서 아주 정확한 추측을 했으리라 믿습니다."

— Martin Burger

"이 책 편저자의 라디오 인터뷰를 듣고 나는 호기심이 이는 것과 동시에 결말에 대해 다소 화가 났습니다. CGI(컴퓨터로 만든 화상)나 포토샵 시대에 화상분석의 진위에 대해 진부하면서 격렬한 토론을 하는 것이 관심을 끌었고 직접 들어보니 외계인과의 접촉에 대한 증언은 더 가치가 있었고 더 재미있었습니다. 이것이 만약 사실이라면(이 책을 읽고 이제 사실이라 믿습니다) 이를 알린 간호상사가 임종할 때가 아니라 이미 수 십 년 전에 발표되었어야 했었다는 생각에 낙담하기도 했습니다. 로스웰 사건에서 살아남은 외계인 파일럿과의 소통 내용과 로렌스 스펜서와 마틸다 오도넬 맥엘로이 여사는 이상하고 난해한 여정에 있는 독자들에게 다양하고 유용한 정보를 줍니다. 내용이 아주 충격적이어서 그래서 그들이 아주 세세한 정보를 통해 작업한 주석으로 무장한 이 책이 필요하다라고 제가 말할 때 저를 믿으십시오."

— David Griffin, Exopolitics Institute
(데이비드 그리핀, 엑소폴리틱 학회)

"이 책은 반드시 읽어야 합니다. 읽어내기가 힘들었지만 이 주제와 관련한 몇 권의 책을 더 보고 난 후에야 이 책이 신빙성 있다고 말할 수 있게 됐어요."

— RoganSF

"외계인 인터뷰를 읽으십시오. 이 책은 당신 삶 속으로 너무나 많은 깨우침을 가져다 줄 것입니다."

— UpRiver

"당신이 손에 들고 있는 그 책은 이제껏 역사적으로 알려진 UFO/ETI(외계 지성: Extraterrestrial Intelligence)의 퍼즐에서 가장 중요한 한 조각입니다. 이는 외계 지성이 우리에게 가르치는 것을 소통 가능한 일치점을 찾아 통합하도록 우리들 중 몇몇에 능력을 부여할 것입니다. 이

독자 서평

에 대한 어떤 조사도 필요치 않습니다. 이 문서 자체가 스스로 말해줄 것이고 에어럴은 자신이 맡은 임무를 성공적으로 해냈습니다. 왜냐하면 이제 전 세계 많은 사람들이 에어럴이 남긴 말을 들을 것이기 때문입니다. 네 그리고 타이밍 또한 적절합니다. 이것은 대단한 승리입니다. 당신만의 승리가 아니라 이 지구상에 사는 모든 생명체의 승리입니다. 친구가 보내준 외계인 인터뷰를 두 번 읽었습니다. 이 책은 지구 역사를 통해 알려진 것 중 가장 중요한 문서라는 것을 당신이 알기 바랍니다."

— Nestingwave

"이 책을 읽으며 잠시 생각했습니다. 이 책 내용이 만약 사실이라면 '잠재적으로 엄청난 폭발력을 가진 것이다' 하지만 사실이 아니라면 '아주 훌륭한 SF소설이다'라고요."

— Above Top Secret

"이 인터뷰에는 대부분의 사람들이 인정하고 싶어하는 것보다 훨씬 더 많은 진실이 들어있습니다."

— Godlikeproductions

"이 인터뷰는 정말 사람을 흥분하게 만드는군요. 삶, 우주 그리고 이 모든 것들의 의미에 대해 내가 지금까지 생각했던 것들을 다시 한번 확인할 수 있었습니다. 나는 항상 모든 사람들이 그런 것처럼 나 역시 신의 일부라고 생각했습니다. 우리는 지루함을 이기기 위해 삶이라는 게임을 경험하고 있는 전지 전능한 영원한 존재입니다."

— 익명의 리뷰어

외계인 인터뷰

"어젯밤 이 책을 다운로드 받기로 하고 어떤 내용인가 싶어 몇 장을 읽기 시작했습니다. 와우! 이 책을 손에서 놓을 수가 없었습니다. 너무 재미 있어서 반 이상을 읽고 할 수 없이 불을 끄고 잠자리에 들었습니다."

— Betlegese

'외계인 인터뷰'
진위 여부에 대한 편저자의 변

    이 책의 편저자의 입장에서 보건대 '외계인 인터뷰', 이 책이 담고 있는 내용은 사실 한 편의 소설이다. 편저자는 이 내용의 사실성에 대해 어떠한 주장도 하지 않으며 이 책의 저자라고 주장하는 사람이 실제로 존재했는지에 대해서도 증명할 수 없다. 비록 이 책에 기술된 날짜, 장소, 인명 그리고 사건들이 사실에 입각한 것일 수 있으나 많은 내용이 저자가 스스로 만들어냈을 수도 있는 것이므로, 이 책의 진위를 가리고 증명할 수 있는 것은 아무것도 없다.

    편저자가 받은 모든 정보와 메모 그리고 사본들은 원본 그대로 책에 기재했음을 밝힌다. 편저자는 저자 즉 맥엘로이 여사로부터 받은 정보의 원본이나 사본은 일체 소유하고 있지 않다. 책에 나오는 일부 자료는 지구상에 열거할 수 없을 정도로 많고 그리고 쉽게 구분하기에는 근본적으로 유사한 갖가지 다양한 철학들과 상당히 비슷할 지 모른다. 이 책이 우주의 기원, 물리적 우주의 타임 트랙, 불멸 그리고/혹은 외계 존재의 초자연적 활동, '외계인들' 혹은 '신들'에 대해 다루긴 했으나, 지구계의 것이든 외계의 것이든 어떤 정치적 주의 주장, 경제적 이익, 과학적 가설, 종교적 활동이나 철학, 저자의 견해를 지지하거나 전달하거나 가정하고자 하는 편저자의 의도가 전혀 없음을 또한 밝힌다.

    책에서 언급한 메모와 필기본들은 오직 이 책의 저자인 고(故) 마틸다 오도넬 맥엘로이 여사가 제공한 정보와 문서만을 바탕으로 한 것이다.

외계인 인터뷰

책을 읽고 독자가 어떤 가정이나 추론 혹은 결론을 내리더라도 그것은 편저자와 전혀 무관한 독자의 책임임을 알린다.
　"당신에게 진리인 것은 당신에게만 진리입니다."

로렌스 R. 스펜서

헌정사

불멸의 영적 존재들-비록 그들이 스스로 그러하다는 것을 알지 못하더라도-에게 이 책을 바친다. 특히 과거 현재 그리고 미래의 다양한 시간에 환생하면서 우주의 가장 어두운 구석에서 진리의 불꽃을 타오르게 한 위대한 존재들의 지혜와 용기 그리고 정직함에 이 책을 바치는 바이다.

더불어 이 헌정사는 이러한 존재들이 발전시킨 철학적 가르침이나 기술뿐 아니라 덜 진화된 존재들에 의해, 지구 그리고 은하 간의 정치적 경제적 종교적 기구에 종사하는 이기적인 기득권자들에 의해 자행된 횡포와 억압에 맞서 자신의 철학을 실천하고 그것들을 기록한 그들의 용기를 위해 쓰여진 것이다.

그들이 비록 수적으로 얼마 되지 않지만 그들의 심오한 지혜와 탐구 그리고 그들의 영웅적인 희생을 널리 알리는 것이 사람들의 영적 노예화를 막을 수 있는 유일한 길이다. 모든 불멸의 영적 존재들을 위한 자유, 커뮤니케이션, 창의력, 신뢰 그리고 진리는 그들이 남긴 유산이다. 그들이 보여준 좋은 본보기는 우리를 지탱해주는 힘이고 피난처이다. 그들의 가르침을 개인적으로 부단히 적용하는 것이 혼란과 망각의 소용돌이로 점점 빠져들어가는 이 물질 세상에서 우리를 지켜주는 훌륭한 무기가 될 것이라고 나는 믿어 의심치 않는다.

로렌스 R. 스펜서

차 례

특별 독자판에 부쳐 ... 5

한국어판 독자 여러분에게 ... 7

외계인 인터뷰 독자 서평 ... 9

외계인 인터뷰 진위 여부에 대한 편저자의 변 ... 15

헌정사 ... 17

서론 ... 25

Chapter 1. 맥엘로이 여사의 첫번째 편지 ... 37

Chapter 2. 첫 번째 인터뷰 ... 49

Chapter 3. 두 번째 인터뷰 ... 63

Chapter 4. 세 번째 인터뷰 ... 69

Chapter 5. 언어 장벽 ... 77

Chapter 6. 에어럴이 영어를 배우다 ... 83

Chapter 7. 나를 교육시키다 ... 91

Chapter 8.	고대사 수업	103
Chapter 9.	근대사 수업	121
Chapter 10.	사건 연대기	141
Chapter 11.	생물학 수업	181
Chapter 12.	과학 수업	203
Chapter 13.	불멸성	217
Chapter 14.	미래 수업	225
Chapter 15.	에어럴에게 확인을 요구하다	237
Chapter 16.	취조	247
Chapter 17.	에어럴이 떠나다	255
Chapter 18.	맥엘로이 여사의 마지막 편지	261

옮긴이의 글   271

공감과 이해를 통한 믿음   273

"자신의 영을 모르는 어리석은 자로서 우리는 묻는다.
신들이 감춘 자취는 어디에 있는가?"

리그 베다

1권 164장 5절

"인간의 정수(精髓)라 할 영적 자각, 주체성, 역량
그리고 기억을 없애거나 부인하는 것처럼 잔인한 일이
또 있을까?"

로렌스R. 스펜서

2008

UFO와 외계생명체에 관한 미스터리

UFO 현상에 대해 조금이라도 연구한 사람이라면 1938년 10월 30일에 방송된 '세계들의 전쟁, 그리고 화성 침략'이라는 악명 높은 오손 웰스의 라디오 극을 알 것이다. '외계인'이 지구를 침략한다는 상상에서 만들어진 이 가상의 라디오 극은 1947년 뉴멕시코주 로스웰 근처에 추락한 UFO사건 훨씬 오래 전에 이미 UFO와 외계에 대한 세계적인 집단 히스테리를 불러일으켰었다.

로스웰 추락사건이 알려진 이후 UFO를 목격했다는 수 만개의 보고가 지난 60년간 이어져 왔다. 외계의 현상으로 추정되는 것에 대한 '증거'들로 인해 전세계적인 집단 히스테리가 발생했다.

동시에 이 현상에 대한 미국 정부의 완강한 부인은 거센 비난과 반박, 은폐와 음모론, 열광적 지지자들의 공리공론, '과학적 조사' 등등 그리고 비슷한 '근접 조우'를 주장하는 사람들의 커져가는 무리, 끊이지 않는 혼란을 부추겼다.

맥엘로이 여사에게 서류 봉투를 받아 들고 '이건 또 다른 마제스틱 12 서류구나'라는 생각이 맨 먼저 들었다. 마제스틱 12 서류란 1947년 로스웰 사건 직후 해리 트루만 대통령이 직접 소집한 것으로 알려진 '마제스틱 12' 위원회에서 마지막으로 살아 있던 요원이 죽고 얼마 되지 않은 1984년에 우편으로 전달받은 것으로 보도된 '의문의 소포'를 말하는 것이다.

'마제스틱 12' 서류와 맥엘로이 여사로부터 받은 소포는 몇 가지 유사한 점이 있다. '마제스틱 12'의 경우에는 수취인 불명으로 한 통의 필름이 담긴 봉투가 전해졌고, 그게 전부였다. 필름에는 봉투를 받은 사람과 그의 동료들이 믿을 만한 것이라고 추정한 문서들을 찍은 사진이 들어 있었다. 봉투를 받은 사람과 그 동료들은 UFO 현상에 대한 '최고 권위자'였고 그들의 기득권이나 생계는 대중들의 관심과 신뢰에 달려 있었기 때문에 그들은 이 서류의 신빙성을 확보할 '증거'를 찾기 위해 부단히 노력하였다. 물론 정부는 서류에 있는 모든 내용과 외계인에 관한 모든 것을 완강히 부인했다.

게다가 외계인에 대한 이야기는 허위임이 분명한 보고서들과 출처가 의심스러운 자료, 소문, 날조된 허위사실들, 오해, 누락된 정보, 추가된 부적절한 정보 그리고 이런 이야기를 우습게 만들거나 과학적으로 전혀 말도 안 되게 만드는 다른 여러 복합적인 요소들로 인하여 완전히 무시당했다. 이것은 의도된 것이거나 아니면 인류가 처한 카오스와 미개함을 그대로 반영한 것일지도 모른다.

서론

　미국 정부는, 거의 모든 것에 대해 국민들에게 뻔한 거짓말을 하고 베트남 전쟁, 워터게이트 사건 그리고 그 비슷한 많은 기만적인 행위를 저지르면서 미국 정부와 군과 정보부의 '정직성'에 대해 품었던 미국 국민과 세계의 믿음을 저버렸는데, 2001년 911테러사건에 대한 정부의 기만과 은폐는 나에게 그 사실을 너무나도 분명히 해주었다.

　선사를 포함한 기록된 인류 역사 전반에 걸쳐 'UFO 목격' '외계인 납치 사건' '외계인 근접 조우'가 보고된 사례가 엄청나게 많음에도 불구하고 나는 이러한 데이터 전체에 깔려 있는 근원적이고, 보편적이고, 반론의 여지가 없는 명명백백한 공통점 하나를 발견하였다.

　개인의 주관적 진실이나 믿음이야 얼마든지 증거들을 수용할 수 있다고 생각하지만, UFO와 외계 생명체가 존재한다는 증거가 정부가 인정하는 것이든 물적인 것이든 상세한 개인 자료를 바탕으로 한 것이든 간에 그 '증거'라는 것에 대한 보편적인 합의는 이제까지 없었다. 그것이 사실인지에 관한 정부의 승인이나 물적 증거의 부족을 가지고 내가 할 수 있는 추론이 몇 가지 있는데 만약 검증이 되면 이러한 미스터리에 관한 실행 가능한 해결책을 끌어낼 수 있을 지도 모른다.

추론1:

　지구상에 그리고 지구 주위에 외계인이 활동하고 있다는 주관적이면서 상세한 그리고 객관적인 수많은 증거들이 있음에도 불구하고 외계인의 존재와 그들의 의도 그리고 활동은 여전히 비밀에 부쳐져 있다.

추론2:

　주관적인 정보와 정부 승인, 물적 그리고 상황적 증거를 바탕으로 외계 생명체가 존재한다고 보편적으로 동의하는 것은 기득권자의 이해와 충돌하기 때문에 증거들을 손에 넣을 수 없다.

종합하여 보면 이러한 추론은 다음과 같은 뚜렷한 질문을 낳는다.
"만약 외계 생명체가 존재한다면 인류와 외계인 간에 지속적이고 솔직한 공개적 상호교류가 왜 일어나지 않는가?"
다행히도 주관적 현실은 어떤 증명이나 '증거'를 필요로 하지 않는다. 그래서 나는 맥엘로이 여사로부터 받았던 주관적인 소통을 관심 있는 사람들에게 전하기 위해 이 책을 출간하기로 결정하였다.

개인적으로 나는 맥엘로이 여사로부터 받은 봉투와 봉투 속에 든 서류 외에 내가 맥엘로이 여사한테 받은 그 어떤 것도 근거 있는 것이라고 가정할 수 없다. 나는 그 어떤 것도 확증할 수 없다. 정말 나는 1998년 전화로 들었던 목소리 외에 맥엘로이라는 사람이 실제로 존재했었는지조차 증명할 수 없다. 그 목소리조차도 다른 사람의 것일지도 모르는 일이다. 개인적으로 나는 UFO에 관해 전혀 관심이 없다. 그렇다. 나는 불멸의 영적 존재에 관한 몇 권의 책을 저술했는데 그 주제는 내 관심사였기 때문이다. 그러나 내가 책을 쓰는 데 들어간 시간을 금전적으로 보상받을 수 있을 만큼 책이 팔리지도 않았다. 그저 취미 삼아 쓴 책이었다. 나는 작은 규모나마 비즈니스 컨설턴트로 일하며 생계를 유지하고 있다.

외계 존재나, UFO, 정부가 논의해야 할 과제, 영적 능력에 대한 미스터리를 주장하거나 설명하거나 혹은 그러한 것들을 인지하거나 이해하지 못하는 사람들의 무능함을 바로잡으려는 것은 결코 나의 의도가 아니다. 또한 이러한 현상이 존재한다는 것을 다른 사람에게 설득하거나 교육시키거나 홍보하려는 의도는 더더욱 없다. 이에 대해서 내가

서론

어떤 생각을 하건 하지 않건 그것 역시 전혀 상관없는 일이다.

더군다나 나는 맥엘로이 여사에게 받은 봉투를 포함한 모든 원본 자료들을 소각했다. 나는 UFO 연구가들이든 정부 관료들이든 타블로이드 신문 기자들이나 UFO 신봉자나 폭로자 등 그 어떤 사람들한테든 쫓겨 다니고 싶은 마음이 추호도 없었다. 1947년 맥엘로이 여사가 외계인과 인터뷰했다는 그녀의 주장이 사실이라는 것을 증명하고자 '증거'를 찾으려고 한다면 그것은 내가 아닌 다른 사람이 해야 할 것이다.

"믿거나 말거나!"라고 리플리 (역주: Robert L. Ripley, 미국의 만화가, 탐험가, 기자)는 말했다.

나는 "당신에게 진실인 것은 당신에게만 진실이다"라고 말하겠다.

자료의 출처에 대하여

이 책의 주 내용은 고 마틸다 오도넬 맥엘로이 여사로부터 받은 편지, 인터뷰 필기본 그리고 개인 메모에서 발췌한 것들이다. 내게 보낸 그녀의 편지에서 이 자료들은 외계인이 그녀에게 텔레파시로 '말한' 대화 내용에 대한 기억을 근거로 한 것이라고 그녀는 확고히 주장한다. 1947년 7월과 8월 두 달 동안 그녀는 1947년 7월 8일 뉴멕시코주 로스웰 근처에 추락한 비행접시에서 구조된 장교이자 파일럿 그리고 엔지니어라고 주장하는 '에어럴'이라는 외계인과 인터뷰하였다.

이 유명하고 말 많은 '비행접시'와 '외계인과의 접촉' 사건에 대해 읽은 사람이라면 누구나 1) 이 보고서의 진위 여부와 특히 이 사건이 60년이나 지나서야 처음 알려짐으로 인해 2) 이 정보의 출처에 대한 신빙성을 분명히 의심할 것이다.

2007년 9월 14일에 나는 맥엘로이 여사로부터 문서가 든 소포와 함께 앞에서 언급한 편지를 받았다. 소포에는 각기 다른 3개의 문서가 들어 있었다.

1)22/28cm크기의 일반 줄 공책에 여사가 친필로 작성한 것으로 보이는 필기체의 메모였다.

2)일반 종이와 20파운드의 흰색 본드지에 그녀가 직접 수동타자기로 타자한 메모가 들어있었다.

적어도 두 개 모두 같은 필체란 점과 그리고/혹은 쭉 같은 타자기로만 타자한 점은 외관상 알 수 있었다. 2007년 9월 3일자 아일랜드 나반 소인이 찍힌 서류봉투의 수취인 주소와 반송용 주소의 필체와 내가 받았던 메모의 필체가 같은 것처럼 보였다. 내가 법의학 전문가도 아니고 필체 분석가도 아니므로 이러한 부분에 대한 나의 의견은 전문적이고 바른 판단이 아니다.

3)외계인 인터뷰 필기본 중 많은 페이지가 다른 타자기로 친 것이 분명했다. 이 페이지들은 다른 종이를 사용한 것이고 자주 만졌는지 종이는 낡아 보였다.

그녀가 설명하거나 서두의 문장이나 단락으로 명시하거나 혹은 페이지의 내용으로 추정할 수 있는 것을 제외하고는 메모는 전혀 특정순서나 날짜에 따라 정리된 상태가 아니었다.

"역사는 기만의 미시시피 강이다" 볼테르가 한 말이다. 맥엘로이 여사가 제공한 인터뷰 필기본에 있는 외계인의 발언에 따르면 근본적인 역사적 교훈은 많고 많은 신들이 인간이 되었고 만약 있다면 극히 소수의 인간들이 다시 신의 존재로 돌아갔다고 한다. 외계인-에어릴-과 소통한 것 중에 신뢰할 만 한 것이 있고 또 그 소통에서 이루어진 번역과 통역이 틀림없다면, 그/그녀/그것이 말한 이 우주의 역사는, 전능하고 신과 같은 불멸의 영적 존재들의 자유와 권능이 종말을 고하고 물질과 필사의 바다에서 길을 잃고 흐르는 '기만의 강'이다.

그리고 아주 직설적이고 서툰 방식으로 만약 누군가가 우주 저 멀리까지 다니며 '지옥'이라는 곳을 찾는다면 그 지옥은 지구와 현 지구에 살고 있는 지구인들을 정확하게 묘사한 것-이는 외계인의 개인적인 의견을 표현한 것으로 사료됨-이라고 진술했다. 더 복잡하고 더 혼란스러우며 맥엘로이 여사로부터 받은 '인터뷰 필기본'의 '믿기 어려운' 출처를 더욱 믿기 어렵게 하는 것은 다음과 같은 사실이다.

1) 인터뷰 대부분이 외계인과 맥엘로이 여사와의 '텔레파시 커뮤니케이션'을 바탕으로 한 점
2) 이 인터뷰의 많은 부분이 불멸의 영적 존재들의 '초자연적인' 활동을 다룬다는 점
3) 물론 대부분의 '과학기관'들은 어떤 영적 현상도 인정하거나 인지하려 들지 않는다.

'초자연적'이란 의미를 가진 paranormal의 사전적 의미는
형용사:
    1. 과학적인 방법으로 설명할 수 없는
    2. 불가사의한 혹은 '정상적인' 감각 경로를 벗어난

정리하면 '초자연적(paranormal)'이라는 말을 사용하는 사람들은

1)영적 현상을 설명할 수 없으며 2)영적 현상은 그들의 정상적인 감각 경로를 벗어난 것이다.

요는 과학자들이 영적 활동을 인지하거나 설명하는 (아니면 인지와 설명 둘 다 할 수 있는) 능력부족이나 의지부족(아니면 의지와 능력 둘 다 부족하여)으로 힘들어 한다는 것이다. 그래서 오직 그런 사람들만이 이 책에서 다루는 영적 활동이나 영적 우주와 같은 것들을 인지할 수 있고 그리고 인지할 것이라고 생각한다.

몇 차례 인터뷰에서 외계인이 진술한 그 시간의 길이를 살펴보면, 지구의 과학자들이 우주, 지구, 생명체, 사건들의 기원과 역사를 고찰함에 있어서 엄청난 오산과 오판을 내려왔을 가능성에 대한 이제껏 알려지지 않은 강력한 근거가 몇 가지 있다. 시간과 시간의 의붓자식인 역사가 대체로 주관적이라 한다면 물론 이 근거들 역시 정확할 수도 그렇지 않을 수도 있다.

아무리 성간(星間) 혹은 '대우주적 시간'과의 대조를 통해 관찰할 수 있다손 치더라도 지구인들이 역사를 보는 관점은 우주 운행 문명의 연대학적 측면에서 '최근의 사건들'로 간주되는 것들과 비교해도 상대적으로 지극히 미미하게 짧은 시간에 한정된 것이다. 하물며 우주 전체의 기간에 비하는 것은 말할 필요도 없을 것이다.

과학자들이 최대치로 본 지구의 지질학적 기록은 겨우 40억년 정도이다. 고고학 교재에 나오는 호모 사피엔스는 고작 몇 백만 년밖에 되지 않는 것으로 추정되고, 전체 생물학적 스펙트럼조차도 이 행성에 존재해 왔던 시간이 기껏 몇 억년 정도에 불과한 것으로 본다. 이 행성에 사는 개별 존재의 개인적인 기억 역시 대체로 단 한 생으로 국한된다.

서론

이 책에서 언급된 날짜, 사건 혹은 사건에 대한 해석들, 이 모든 것들은 순수한 주관적 고찰과 추측 혹은 작가의 작품을 포함한 인류의 창작물과 같은 지구 차원의 정보원에서 나온 것이다. 그러므로 지구인들의 근시안적이고 자기 중심적인 성향 그리고 우리가 살고 있는 곳에 있는 또 다른 여러 우주에 대한 전반적인 무지를 고려하여 독자들은 그것들을 믿든 무시하든 해야 한다.

이 책은 파일럿이자 엔지니어인 외계 우주선 장교와 미 공군 간호 장교 간의 인터뷰가 있은 지 60년 후에 나에게 비공식적으로 전달된 정보이다.

마틸다 오도넬 맥엘로이 여사

내가 맥엘로이 여사를 개인적으로 만난 적이 없고 20여분 이어진 단 한 통의 전화로밖에 대화를 나눈 적이 없기 때문에 그녀를 믿을 만한 소식통이라고 단언할 수는 없다. 사실 그녀와 통화를 했고 아일랜드에서 보낸 자필 자료들을 소포로 받았다는 것 외에는 그녀가 실제 인물이라는 점을 확언할 그 무엇도 내게는 없다.

내가 그녀와 전화 통화를 한 것은 1998년의 일이다. 우리의 짧은 통화가 있었던 당시 맥엘로이 여사는 몬타나 주 글래스고 스코티 프라이드 드라이브에 살고 있었다. 내가 이 주소를 기억하고 있는 이유는 1999년에 내 책 'The Oz Factors'가 출간되어 그녀에게 그 책을 선물로 보냈기 때문이다. 그녀가 아일랜드에서 부친 편지에서 책 제목을 언급하면서 그 책을 읽었다고 했기 때문에 그녀가 내 책을 받았다는 것을 알 수 있을 뿐이다.

그리고 호기심 차원에서 글래스고 몬타나에 대해 인터넷 검색으로 알아보았다. 글래스고는 철도촌으로 세워졌는데 1930년에 프랭클린 루스벨트 대통령의 명령으로 포트펙 댐이 건설되어 많은 일자리가 창출되면서 도시가 유명해졌다. 월남전과 '냉전' 초기에 사용되었던 글래스고 공군 기지가 생기면서 그곳의 인구는 1960년도에 12,000명으로 증가하였다. 그런 후 1969년 그 공군기지가 임무 해제되면서 그곳도 폐쇄되었다.

내가 맥엘로이 여사와 통화했을 때 그녀는 자신의 복무기간이 끝나면서 미 공군에 의해 그 곳에 재배치되었고 그 곳에서 당시 엔지니어였던 남편을 만났다고 했다. 당시 그녀가 남편의 성을 언급하지는 않았지만 그가 포트펙호(湖)를 조성하는 대규모 포트펙 댐 공사 현장에서 근무했다고 말했다. 1940년에 포트펙 댐이 완공되었지만 낚시를 잘하고 야외활동을 즐겼던 그는 글래스고에 남았다고 했는데, 그 곳의 아일랜드 문화가 그를 눌러앉게 한 건 아닐까 생각했지만 그녀에게 물어보지는 않았다. 댐에서 근무했던 당시 인사부 기록에서 '맥엘로이'라는 성은 발견하지 못했다. 하지만 내 판단에서는 당시 직원들의 인적 사항은 사실상 남아있지 않은 것으로 보였다.

'Oz Factors'를 쓰기 위한 자료 수집과정에서 그녀에게 연락했었다. 내 취재 라인에서 아주 멀리 에둘러 이 여인이 51구역이나 로스웰 추락 장소 혹은 그 언저리쯤에서 외계인과의 접촉에 연루되었다는 의혹을 받았음을 알게 되었기 때문이다.

정황적 추리와 우연한 소개의 경로를 통해 나는 정말로 전화번호부 책에서 전화번호 하나를 찾아내어 실제 그 사람일지도 모른다는 생각으로 전화를 걸었다.

역시나 내가 그녀에게 전화했을 때 내 질문에 대한 그녀의 반응은 미지근했다. 그러나 내 책에 대한 정보를 얻기 위한 나의 꾸밈없고 순수한 진심에 좋은 인상을 받았고 또한 내가 어떠한 경제적 이익이나 부정적인 목적으로 그녀를 이용하지 않는다는 것을 알았을 거라고 생각한다.

그럼에도 불구하고 그녀는 1947년에 뉴멕시코에서 군 복무를 했다는 것 외에는 나에게 도움이 될만한 정보를 주지 않았다. 그녀의 침묵에 목숨이 달려있는 만큼 그녀는 그 어떤 것에 대해서도 정보를 나눌 수 없었던 것이다. 이는 나의 관심을 더욱 자극했지만 그녀에게 계속 물어봤자 아무 소용없음을 알고 포기했고 그녀에게 소포가 온 작년 9월까지 그녀에 대해 까마득히 잊고 있었다.

소포를 발송한 아일랜드 주소로 연락했지만 그녀에게 아무런 회신이 없었고 또 부부가 사망하기 몇 주 전 그들이 방을 빌렸던 집 주인 여자 이외에는 아일랜드 미스 카운티에서 그들 부부를 안다는 사람은 전혀 찾을 수가 없었다. 내가 그들 부부의 죽음에 대한 확증은 갖고 있지 않지만 두 사람은 동시에 사망한 것으로 보였다.

이러한 정황에도 불구하고 그녀가 나에게 보낸 소포에는 위에서 언급한 날짜의 미스 카운티 나반 우체국 소인이 찍혀 있었다. 봉투에 적힌 발신인 주소가 실제로 있었기 때문에(구글 지도에서) 나는 그 주소로 편지를 보냈으며 집 주인으로부터 맥엘로이 여사와 남편 폴이 최근에 사망했다는 말을 전해 들었다. 맥엘로이 여사와 남편의 시신은 화장된 후 유골은 아스보이가(街)의 성 피니안 공원 묘지에 매장되었다고 한다.

이후에 그녀의 결혼 전 성인 오도넬과 관련된 그녀에 대한 기록을 찾았지만 아무데도 없었다. 또한 그녀가 사망하기 전에 묵었던 집의 주인 이외(친척이 아닌)에는 그녀의 출생이나 의학교육 혹은 군사기록, 결혼이나 사망을 확인할 수 있는 가족이나 사적 인간관계에 대한 그 어떤 기록도 발견할 수 없었다. 오도넬이라는 성은 그녀가 메모에서 언급한 것처럼 그녀가 로스웰을 떠날 때 군으로부터 받은 가명이었다고 생각한다.

아무튼 그녀의 신분이나 그녀에 관한 모든 정보들은 공문서에서 완전히 삭제된 것으로 보인다. 일부 특정 정부요원들이 기록(그리고 사람들)을 사라지게 하거나 증거를 은닉하고 은폐하는 데에 능수능란하다는 것을 안다. 은폐에 대한 끊이지 않는 의혹과 극도로 민감한 로스웰 사건의 성격상 그녀도 그렇게 처리되지 않았을까 짐작한다.

나는 맥엘로이 여사가 보낸 '인터뷰' 내용들 중 어떤 것도 사실이라는 것을 입증하거나 뒷받침할 수 있는 정보를 갖고 있지 않으므로 독자들이 스스로 경계하고 주의하기 바란다.

편저자 로렌스R. 스펜서

Chapter 1.

맥엘로이 여사의
첫 번째 편지

맥엘로이 여사의 첫 번째 편지

안녕하세요.

퇴역하고 구입했던 오래된 내 언더우드 타자기로(역주: 언더우드 회사 제품의 타자기) 당신에게 이 편지를 씁니다. 봉투에서 당신이 꺼내 들 문서들과 이 편지의 주제와 어쩐지 대조되는 것 같군요.

내가 당신과 마지막으로 통화한 것은 약 8년 전이었습니다. 짧은 전화 통화로 당신은 내가 지구 역사에 영향을 미쳤을 지도 모르는 외계인에 관해 뭔가를 알고 있다고 생각하여 당시 쓰고 있던 책 'The Oz Factor'의 취재에 도움이 될 만한 정보를 내게 요청했지요. 전화 통화로 나는 당신에게 줄 수 있는 정보가 전혀 없다고 말했습니다.

그런 일이 있은 후 나는 당신 책을 아주 흥미롭게 읽었고 또 많은 감동을 받았습니다. 당신은 많은 것을 알고 있고 내 경험을 충분히 이해할 수 있는 사람이라는 생각이 분명해졌습니다. 전화 통화에서 "강한 권력은 강한 책임감을 동반한다"라고 당신이 언급했던 옛 철학자의 말에 대해 많은 생각을 했습니다. 비록 내 삶이 권력과 상관 있는 삶은 아니지만 또한 그 때문에 당신에게 이 문서를 보내는 것도 아니지만 당신은 분명히 나로 하여금 내 책임감에 대해 생각하게끔 하였습니다.

나는 당신이 옳았다는 것을 깨달았고 또 그 외 여러 가지 이유로 내 입장에 대해 재고해 보았습니다. 적어도 나 자신에 대해 책임을 져야 한다고 생각했지요. 1947년 이후 윤리적으로 우유부단하고 상반된 감정의 소용돌이로 받은 정신적인 고통으로 인해 말로 표현할 수 없는 지옥과 같은 생활을 견뎌왔습니다. 남은 영원의 시간을 내내 이 '해야 하는 건지, 말아야 하는 건지' 게임을 계속 하고 싶지 않았습니다.

사회에 알려지지 않도록 내가 도왔던 그 지식의 노출을 막기 위해 지금까지 많은 사람들이 죽어갔습니다. 제가 60년동안 힘들게 지켜온 비밀을 보거나 들은 사람들은 이 세상에 극소수에 불과합니다. 그 긴 세월 내내 지적 외계 생명체가 존재한다는 사실과 그 외계 생명체들이 지구상에 살고 있는 모든 사람들의 삶을 공격적이고 지속적으로 감시하고 침해한다는 특정 지식을, 인류를 '보호'한다는 명목 하에 권력이 크게 오도하고 있는 것을 빈번히 알아차리면서도 나는 정부 내부의 실세들에 의해 내가 비밀 유지를 위한 중대한 거래를 떠맡아버린 것이라고 생각했습니다. 그런 바 이제 이것을 알 수 있는 사람에게 이 비밀 지식을 전할 때가 되었다고 생각했습니다. 알아볼 수도 닿을 수도 없는 침묵의 저 세상으로 내가 가진 지식을 가지고 가는 것은 책임 있는 행동이 아니었습니다. 이런 정보를 '국가 안보' 차원에서 '국가 최고 기밀'이라는 명목 하에 '기득권자들'을 보호하기 보다는 공익을 위해 밝히는 것이 최선이라 판단했습니다.

또한 이제 내 나이 83살입니다. 고통 없는 안락사로 이제 더 이상 쓸모 없어진 이 몸을 나는 떠나기로 결정했습니다. 앞으로 몇 달밖에 살 수 없어 더 이상 두려울 것도 잃을 것도 없습니다. 해서 나는 남편과 내 삶의 대부분을 보냈던 몬타나 주를 떠나 남편의 고향인 아일랜드 미스 카운티에 있는 아름다운 집 2층에 세를 얻어 이사했습니다.

나는 노스 유적지인 '대분묘'와 다우스 유적지 '선사 시대 거석 유적지'에서 그리 멀지 않은 곳에서 생을 마감하려고 합니다. 이 유적지는 피라미드와 기이한 석조 건축물들이 전 세계 곳곳에 세워졌던 시기와 같은 시기인 기원전 3700년에 건립되었고 해독 불가한 상형문자가 새겨진 신성한 '석실 고분'과 거대한 석조 건축물들입니다.

그리고 나는 선사와 역사 시대에 걸쳐 치세했다고 알려진 왕이 142명이나 되는 아일랜드 고대 권력의 중심지 '타라의 언덕'에서 그리 멀지 않은 곳에 있습니다. 고대 아일랜드 종교와 신화에서는 이 곳이 '신들'이 거주했던 곳이고 '다른 세상'으로 가는 입구였다고 전합니다. 아일랜드 수호 성인인 성 패트릭이 고대 이교도인들을 무찌르기 위해 타라로 왔습니다. 당신이 가지고 있는 문서를 읽으면 알겠지만 그는 이 지역의 종교활동을 억압했을 지는 모르나 지구에 문명을 일으킨 '신들'에게는 아무런 영향도 끼치지 못했습니다. 그래서 이 성스럽지 못한 세상을 떠나고 마침내 삶의 고통으로부터 벗어나기에 이 장소가 적합하다고 생각했지요.

늦었지만 이 우주와 우리 은하에 있는 모든 생명체가 살아남도록 돕는 것이 내가 해야 할 일이라는 것을 명확하게 깨달았습니다.

우리 정부 기관이 보여주는 작금의 태도는 그런 내용의 지식으로부터 '국민을 보호한다'는 것이었습니다. 실상 무지와 비밀 유지가 보호하는 것은 단 하나, 다른 사람들을 구속하는 권력으로 그들의 사적인 의도를 숨기는 것이었습니다. 그리고 그렇게 함으로 인해 미신과 어리석음이 퍼져나가고 이를 이용해 그들은 인지되는 모든 적과 아군들의 무장을 해제시킵니다.

지금까지 모든 사람들, 심지어 가족들에게까지도 숨겨왔던 이 일에 대한 나의 고찰과 사적인 기록의 원본과 유일하게 존재하는 사본을 보냅니다. 그리고 속기사가 매번 외계인 파일럿과 인터뷰가 끝나면 그 내용을 타자로 쳤는데 그 필기본들도 함께 보냅니다. 인터뷰 공문서 사본을 지금까지 내가 비밀리에 보관하고 있다는 사실은 어느 누구도 모르는 일입니다.

이제 나는 이 모든 문서들을 당신에게 주고 적절한 방법으로 세상에 알리도록 하는 일을 당신에게 위임하려 합니다. 내가 당신에게 요구하는 건 단 한 가지입니다. 당신의 생명과 안전에 아무런 해가 가지 않는 방법으로 이 정보를 세상에 알리십시오. 저의 경험이 담긴 이 자료를 소설 같은 허구의 형태로 출판하면 심층조사나 정의로부터 자신을 보호하기 위해 개인적 방어막으로 '국가 안보'를 이용하는 사람들을 위한 어떤 기관이, 문제의 사실 여부에 신경 쓰지도 않을 거며 그들의 의심으로부터도 자유로울 것입니다.

그러면 그 진실에 관한 어떤 정보도 부인할 수 있고 이 자료들은 상상에서 나온 허구의 작품이라고 주장할 수 있을 것입니다. '허구보다 더 허구 같은 진실'을 누가 말했는지 모르겠지만 그 말은 아주 정확합니다. 대부분의 사람들에게 이것은 '믿을 수 없는' 것들이겠지요. 안타깝게도 믿음은 신뢰할 수 있는 현실의 기준이 아닙니다.

또한 자유보다는 물리적 경제적 영적으로 노예인 상태를 더 선호하는 이들에게 당신이 이 기록들을 보여준다면 기록이 담고 있는 주제를 상당히 불쾌한 것으로 여길 것이 뻔합니다. 당신이 만약 TV 저녁 뉴스나 신문에 사실에 입각한 것으로 이 자료를 보도하게 되면 그들은 즉시 정신 나간 사람의 헛소리라고 외면해 버릴 것입니다.

이 자료들의 속성 자체가 그들이 믿지 못하도록 하기 때문이고 또 그래서 믿지 않는 것이지요. 거꾸로 말하면 이 정보를 공개하면 정치와 경제를 장악하고 있는 특권층에게 엄청난 타격이 될 것입니다.

이 자료는 외계인을 만난 사람이나 초자연적 현상의 경험에 대해 관심을 가지고 연구하는 당신에게는 상당한 도움이 되리라 생각합니다. 'The Oz Factors'에서 당신이 했던 비유로 말해보면 다른 이들이 쓴 '외계인'의 영향력에 대한 몇 안 되는 사실적 보고서들은, 맹세코 지구 전체를 뒤덮고 소용돌이 치는 예언적 태풍의 눈, 그 속에 부는 조용한 산들바람에 불과한 것입니다. 이 세상에는 정말로 마법사도 있고 사악한 마녀도 있고 그리고 날아다니는 원숭이들도 있습니다. 아주 오랫동안 많은 사람들이 의심하고 그리고/혹은 추측했던 이 정보를 주요 언론은 물론 학계 그리고 아이젠하워 대통령의 퇴임 연설에서 우리에게 그 위험성을 경고했던 군산 복합체는 끊임없이 부인해 왔습니다.

아시다시피 1947년 7월 로스웰 공군 기지(RAAF)가 509 폭격 사단 대원들이 뉴멕시코 로스웰 인근 한 농장에 추락한 '비행 접시'를 발견했다고 언론에 공식 발표를 해 매스컴을 뜨겁게 달궜습니다.

같은 날 미 공군 8사단장은 처음 잔해를 발견했던 수색 대원 중 한 사람이었던 제시 마셀 소령이 발견한 것은 비행접시가 아니라 기상 관측용 기구에서 떨어져 나온 파편이었다고 수정 성명을 발표했습니다. 그 이후부터 미국 정부는 이 사건의 명확한 진실을 숨겨왔습니다.

내가 미 공군 여사단(WAC) 소속 의무부대 간호상사로 근무하고 있었다는 것을 당신은 모를지도 모르겠네요. 사건 당시 나는 509 포격 사단의 비행 간호 장교로 파견 근무 중이었습니다.

추락 소식이 기지에 전해지자 나는 특수 정보 장교 캐빗씨의 운전병으로 그와 동행해 추락현장으로 갔고 어떤 생존자건 응급치료가 필요하면 치료를 실시하라는 명령을 받았습니다. 그랬기 때문에 나는 잠시나마 추락한 비행 접시의 잔해뿐 아니라 비행 접시에 타고 있었던 이미 사망한 외계인 조종사들의 시체까지 볼 수 있었습니다.

현장에 도착해 나는 추락한 비행 접시에 탑승했던 대원 중 한 명이 의식이 있고 외관상 부상이 없는 상태로 생존했다는 것을 알았습니다. 의식이 깨어있던 외계인은 다른 외계인과 외견상 비슷했지만 똑같지는 않았습니다. 그 생존 외계인은 말이나 인식 가능한 기호로 소통하지 않았기 때문에 현장에 있던 어느 대원도 그와의 소통이 불가능했습니다. 그런데 내가 그 '환자'의 부상을 살피는 동안 그 외계인이 존재의 마음으로부터 직접적으로 투영되는 '정신적 이미지' 혹은 '텔레파시 생각'으로 나와 소통하려고 시도한다는 것을 순간 알아차리고 이해했습니다.

나는 이 현상을 즉시 캐빗씨에게 보고했습니다. 현장에 나 이외에 이런 생각을 감지하는 사람이 아무도 없었기 때문에 나는 외계인이 나와 소통을 하려고 하고 내가 소통할 수 있을 것 같다고 판단해 보고를 결정했습니다. 잠시 상관과 의논한 후 내가 생존 외계인과 본부에 동행하는 것으로 결정이 내려졌습니다. 이는 내가 간호상사이고 필요한 물리적 치료를 할 수 있다는 사실, 그리고 외계인에게 위협적이지 않은 소통 통로이자 상대로서 그만큼 잘 돌볼 수 있다는 것이 부분적으로 작용했던 것입니다. 현장에 있던 사람 중 내가 유일한 여자였고 무장하지 않은 유일한 사람이었습니다. 그 때부터 나는 외계인의 '상대'가 되어 항상 그녀 옆에서 그녀를 돌보는 임무를 맡았습니다.

내 임무는 외계인과 대화하고 인터뷰하는 것 그리고 내가 알아낸 모든 것들을 상관에게 보고하기 위해 완벽한 보고서로 작성하는 것이었습니다. 그 다음에 군관계자와 비군관계자가 준비한 특정 질문들을 받아 외계인에게 '설명'한 후 그 질문들에 대한 외계인의 반응을 기록하는 것이었습니다. 또 외계인이 의학적 검진이나 수많은 정부 기관에서 파견된 직원들이 외계인에게 하는 각종 검사들을 받는 동안 내내 나는 함께 있었습니다.

이 아주 특별한 임무를 위해, 내 보안 등급을 올려 나는 공군 상사로 진급하였고 호봉이 높아져 월 급여도 54달러에서 138달러가 되었습니다. 내 메모를 보면 알겠지만 나는 1947년 7월부터 외계인이 '사망' 혹은 '육체를 떠난' 8월까지 이 특별 임무를 맡았습니다.

군관계자와 정보국 직원들 그리고 가끔 나타나는 여타 관계자들이 항상 우리와 같이 현장에 있었기 때문에 내가 외계인과 단둘이 있었던 적은 없었지만 외계인과 나는 거의 6주동안 자유롭게 이야기를 나눌 수 있었습니다.

다음은 '에어럴(Airl)'이란 이름으로 알려진 외계인 파일럿과 나눈 '대화'에 대한 내 개인적인 기억들에 대한 개관(槪觀)과 요약입니다.

에어럴이 '사망' 혹은 육체를 떠난 지 60년이 되는 이 때에 내가 6주 동안 에어럴과 교류하며 배운 것들을 지구상에 사는 모든 사람들의 이익을 위해 밝히는 것이 나의 의무라고 생각합니다.

내가 공군 부대에서 간호사로 근무는 했지만 나는 조종사도 아니고 기술자도 아닙니다. 또한 나는 그 이후로 당시 추락사고 현장에서 발견된 우주선이나 다른 자료와 직접적으로 접촉한 적도 없었습니다. 그런 점에서 '에어럴'과 나눈 대화 내용에 대한 나의 이해가 내가 인지할 수 있는 생각이나 정신적 이미지의 의미를 해석하는 내 개인적인 능력에 기초한 것이라는 점은 감안하시기 바랍니다.

우리의 대화는 '발화(發話)'라는 통상의 방식으로 이루어지지 않았습니다. 더군다나 외계인의 '육체'에는 말을 할 수 있는 '입'이라는 게 없었습니다. 우리는 텔레파시를 통해 대화했기 때문에 처음엔 에어럴을 정확하게 이해할 수 없었습니다. 이미지나 감정, 느낌들은 인지할 수 있었지만 그것들을 말로 표현하는 것은 나로서는 상당히 힘든 일이었습니다. 영어를 배우고 나서야 에어럴은 내가 이해할 수 있는 상징이나 단어의 뜻을 가지고 자신의 생각에 좀 더 명확하게 집중할 수 있게 되었습니다. 에어럴이 영어를 배운 것은 나를 배려한 것이었고 에어럴보다는 나에게 더 많은 도움이 되었습니다.

내가 에어럴과 텔레파시로 소통하는 일은 점점 좋아져갔고 인터뷰가 끝나갈 무렵에는 아주 수월해졌습니다. 에어럴의 생각들이 마치 내 생각인양 정확하게 느껴지더니, 어찌된 일인지 에어럴의 생각들이 내 생각이 되어버렸습니다. 그녀의 감정은 내 감정이었습니다. 그렇더라도 그건 에어럴이 자신의 세계를 나와 공유하겠다는 의지와 의도가 있어야

되는 일이었고 어떤 말을 할 것인가는 전적으로 그녀가 결정했습니다. 마찬가지로 그녀가 받은 훈련, 교육, 경험, 그녀의 유대관계나 목적 같은 것은 그녀만의 방법으로 공유하지 않았습니다.

도메인은 내가 인터뷰한 외계인인 에어럴이 속해 있는 하나의 종족이자 문명입니다. 에어럴은 이 도메인의 원정군 소속 장교이자 파일럿, 엔지니어입니다. 그들의 심볼은 도메인 통치 하에 광활한 문명으로 통합되어 있는 이미 알려진 우주의 기원과 무한한 영역을 의미합니다.

에어럴은 현재 지구의 태양계 소행성대에 위치하는, 그녀가 '우주 통제부'라고 언급한 기지에 근무하고 있다고 했습니다. 그 무엇보다도 우선 그녀는 그녀 자신이고, 그 다음으로 자원 근무하는 도메인 원정군 소속 장교이자 파일럿, 엔지니어입니다. 그러한 수용 능력 내에서 맡은 임무와 책임을 다하지만 그녀가 원하는 대로 오고 갑니다.

이 자료를 받아주시고 되도록이면 많은 사람들에게 알려주시기 바랍니다. 다시 한번 말씀 드리지만 이 자료들로 인해 당신이 위험해지는 것은 결코 나의 의도가 아니고 또한 이 자료들을 믿을 것이라고 진심으로 당신에게 기대하지 않습니다. 그러나 이 정보들을 사실로 받아들여 직시할 수 있고 그러한 의지가 있는 사람들이 이 자료들을 가졌을 때의 가치를 당신은 바르게 인식할 것이라는 걸 저는 압니다.

인류는 이 자료에 들어 있는 다음과 같은 질문들, 즉 우리는 누구이고 어디에서 왔고 우리가 지구상에 존재하는 이유가 무엇인가, 우주에 인간만이 존재하는가, 만약 다른 지적 생명체가 존재한다면 그들은 왜 우리와 접촉을 시도하지 않는가에 대한 답을 알아야 합니다.

만약 우리가 지구 전체에 오랜 시간, 깊이 침투해 있는 외계인의 간섭으로 인한 영향력을 효과적으로 근절시키지 못했을 때 우리의 영적, 육체적 생존에 미칠 심각하고 황폐한 결과를 사람들이 이해하는 것은 생사가 걸린 중요한 문제입니다. 이 자료에 든 정보들이 인류의 더 밝은 미래를 위한 디딤돌이 될 지도 모르겠습니다. 나보다는 당신이 더 현명하고 독창적이며 용감하게 이 정보를 사람들에게 퍼뜨릴 것이라 기대합니다.

신의 가호와 은총이 당신과 함께 하기 바라며.

2007년 8월 12일
미 공군 의무부대 전역 상사
마틸다 오도넬 맥엘로이
아일랜드 미스카운티 나반 트로이타운 하이츠 100호

Chapter 2.

첫 번째 인터뷰

첫 번째 인터뷰

마틸다 오도넬 맥엘로이 여사의 개인적인 메모

외계인과 본부로 돌아 왔을 때 나는 이미 그녀와 몇 시간을 보낸 후였습니다. 앞에서도 말했듯이 그녀와 소통이 되는 사람은 우리 중 내가 유일한 사람이었기 때문에 캐빗씨는 나에게 외계인과 함께 있으라고 말했지요. 나는 외계의 존재와 '소통'하는 내 능력을 이해할 수 없었습니다. 여태껏 어느 누구와도 텔레파시로 소통해 본 적이 없었으니까요.

내가 경험한 발화(發話)없이 하는 대화라는 것은 어린 아이나 강아지가 당신에게 뭔가를 이해시키려고 할 때 드는 느낌과 비슷한 것이긴 하지만 그것보다 더 훨씬 더 직접적이고 강력했습니다. 비록 발화되는 '단어'나 기존에 사용하던 기호는 없지만 그 생각의 의도는 나에게 어김없이 전달되었습니다. 나중에 내가 깨달은 것은 내가 생각을 받기는 했지만 반드시 그 의미를 적확히 해석했던 것은 아니라는 점입니다.

그녀는 자신이 속한 '부대'나 조직이 요구하는 보안과 기밀을 유지해야 하는 장교이자 파일럿이라는 그녀의 직급 성격상, 기술적 문제에 대해서는 전혀 대화를 나눌 의지가 없어 보였습니다. 임무 수행 중 '적군'에게 생포 당한 모든 군인은 심문이나 고문을 당하더라도 목숨과도 같은 정보를 발설하지 않아야 하는 것이 책무임은 당연한 일입니다.

한데, 그러면서도 에어럴이 정말로 나에게 무언가 숨기려 하지 않는다는 것을 나는 항상 느낄 수 있었습니다. 단지 그런 느낌에서 그치는 것이 아니라 대화를 할 때 그녀는 나에게 진지하고 정직하려 한다는 것이 느껴졌습니다. 물론 당신은 모르실 테지요. 또 외계의 존재와 나 사이에 특별한 '유대감'이 생겼다는 뚜렷한 느낌이 들었습니다. 그것은 당신이 환자나 어린 아이에게 느끼는 '신뢰'나 공감 비슷한 것이었습니다. 이는 내가 진심으로 '그녀'에게 관심을 기울이고 있고 해를 끼칠 의도가 전혀 없으며 내가 할 수 있다면 그녀에게 닥칠 어떤 위험도 허용하지 않을 것이라는 것을 그녀가 알아서라 생각합니다.

나는 외계인을 '그녀'라고 부릅니다. 그 존재는 생리학적이든 심리학적이든 어떤 식으로든, 사실상 성적 구별이 없었습니다. 하지만 '그녀'는 태도나 행동 면에서 여성성이 더 강했지요. 생리학적 관점에서 그 존재는 분명 '무성(無性)'이었고 체내 체외 어디에도 생식기관은 존재하지 않았습니다. 그녀의 몸은 '인형' 혹은 '로봇'에 더 가까웠습니다. 몸이 생리학적 세포로 구성되어 있지 않아서 체내에 '장기(臟器)'는 없었고, 몸 전체에 흐르는 일종의 '회로' 체계 혹은 전기 신경계통을 가지고 있었지만 작동이 어떻게 되는지는 알 수 없었습니다.

외견상으로 본 그녀의 몸은 작고 말랐으며 신장이 1미터 정도였습니다. 가느다란 몸통과 팔다리에 비해 균형에 맞지 않게 머리가 컸습니다. 두 개의 '손'과 '발'에는 물건을 잡기에 적합한 세 개의 '손가락'이 있었습니다. 머리에는 기능을 갖춘 '코'나 '입' '귀' 같은 것은 없었습니다. 우주에는 소리를 전달하는 공기가 없기 때문에 우주선 조종사는 그런 기관이 필요 없다는 것을 나는 알게 되었습니다. 그래서 몸에 소리를 담당하는 감각 기관이 없고 음식을 섭취할 필요가 없어 입도 없었습니다.

눈은 상당히 컸습니다. 그녀의 두 눈이 가진 시각의 에리함이 정확히 어느 정도인지 판단할 수는 없었지만 그녀의 시각적 감각이 매우 날카롭다는 것은 관찰할 수 있었습니다. 아주 어둡고 불투명한 수정체가 가시광선 너머의 파동이나 입자들을 감지할 수 있을 지도 모른다고 나는 생각했습니다. 이는 전자기장 스펙트럼의 전체 범위 혹은 그 이상을 포함하지 않을까 하는 생각이 들었지만 확실하게는 모릅니다.

그 존재가 나를 바라볼 때는 마치 '투시력'을 사용하는 듯, 시선이 곧장 나를 관통하는 것 같았습니다. 그녀가 나에게 성적인 의도가 없다는 것을 깨닫기 전까지 그 시선은 나를 약간 불편하게 했습니다. 사실 그녀는 내가 여자거나 남자라는 생각조차 한 적이 없는 것 같지만 말이지요. 그 존재와 같이 지낸 지 얼마 되지 않아 그녀의 몸은 산소나 물, 음식물, 기타 외부의 영양소나 에너지원을 필요로 하지 않는다는 것이 명백해졌습니다. 나중에 알게 된 사실은 에어럴은 몸을 살아서 기능하게 하는 그녀만의 '에너지'를 스스로 공급한다는 것이었습니다. 처음엔 그게 조금 이상하고 꺼림칙한 기분을 낳았지만 곧 익숙해졌습니다. 그녀의 몸은 우리 몸에 비하면 정말 너무 너무 단순했습니다.

에어릴은 자신의 몸이 로봇처럼 기계적이지도 않고 생물학적이지도 않다고 내게 설명했습니다. 몸은 영적 존재인 그녀에 의해서만 살아 움직였습니다. 의학적 관점으로는 에어릴의 몸이 '살아 있다'라고조차 할 수 없다고 나는 생각합니다. 그녀의 '인형'같은 몸은 세포나 그 외의 것들로 구성된 생물학적 생명체가 아닙니다.

그녀의 피부는 부드러웠고 색깔은 회색이었습니다. 몸은 기온이나 기상 조건, 기압의 변화에 고도의 적응력을 갖추고 있었습니다. 근육조직이 없는 팔다리는 상당히 허약했습니다. 중력이 없는 우주에서야 아주 약소한 근육의 힘만으로도 충분하기 때문이었지요. 그녀의 몸은 거의 전적으로 우주선 안에서 혹은 중력이 낮거나 아예 없는 환경에서만 사용했습니다. 무거운 중력이 작용하는 지구에 와서는 걷기 목적으로 만들어진 다리가 아니었기 때문에 그녀는 잘 걸어 다니지도 못했습니다. 하지만 손과 발은 상당히 유연하면서도 날렵했습니다.

외계인과 첫 인터뷰를 하기 전에 본부의 이 구역은 하룻밤 사이에 윙윙대는 벌집마냥 민활하게 움직이는 곳으로 변해버렸습니다. 12명의 남자들이 조명과 카메라를 설치하느라 분주했지요. 영화 촬영용 카메라와 녹음기, 마이크도 '인터뷰 룸'에 설치되었습니다. (나는 외계인이 말로 소통하는 게 아닌데 왜 마이크가 필요한 지 이해할 수 없었습니다) 또 속기사와 타자기로 분주히 타자를 치는 네댓 명의 사람들도 있었습니다.

나와 외계인과의 소통을 돕기 위해 외국어 통역 전문가와 '암호 해독' 팀이 밤사이 날아와 합류하게 되었다는 보고를 받았습니다. 또한 외계인을 검사하기 위해 각 분야의 전문가로 구성된 몇 명의 의료진도 와 있었습니다. 체계적인 질문 작성과 답변 '해석'을 도울 심리학 교수 한 사람이 있었고요. 간호사라는 이유로, 내가 외계인이 하는 생각을 이해할 수 있는 유일한 사람이었음에도 불구하고 나는 '적격한' 통역자로 인정받지 못했습니다.

외계인과 나는 이후 많은 대화를 나누었습니다. 나중에 내 메모에서 이를 확인하겠지만, 매 인터뷰는 서로에 대한 이해를 급격히 높여주는 결과를 낳았습니다. 다음은 인터뷰가 끝나는 대로 내가 곧장 속기사에게 보고한 내용을 기초로 정보 장교가 만들어서 내게 준 질문 목록에 대한 답변들의 첫 번째 필기본입니다.

공식 인터뷰 필기본

극비 사항
미 공군 공식 필기본
로스웰 공군 기지 509 포격 사단
주제: 외계인 인터뷰 1947년 7월 9일

질문: "당신은 부상을 입었는가?"
대답: 아니다.
질문: "당신은 의료 지원이 필요한가?"
대답: 필요 없다.
질문: "음식이나 물 혹은 다른 뭔가 필요한 게 있는가?"
대답: 필요 없다

질문: "기온이나 대기의 화학적 성분, 기압 혹은 오물 처리와 같은 특정한 환경적인 요구사항이 있는가?"
대답: 없다. 나는 생물학적 존재가 아니다.
질문: "당신 몸이나 우주선은 인간이나 지구상의 다른 생명체에 해가 될 만한 세균이나 오염 물질을 옮기는가?"
대답: 우주에는 세균이 없다.
질문: "당신 정부는 당신이 여기에 있는 것을 아는가?"
대답: 현재로선 아니다
질문: "당신이 속한 종족이 당신을 구하러 오겠는가?"
대답: 그렇다
질문: "당신들이 사용하는 무기의 성능은 어떠한가?"
대답: 아주 파괴적이다

    나는 그들의 군대나 무기가 어떤 종류인지 정확히 알 수 없었지만 그녀의 대답에서 내가 느낀 것은 단순히 사실을 말한 것이지 위협하려는 의도는 아니었다는 것입니다.

질문: "당신 우주선은 왜 추락했는가?"
대답: 대기 중에 일어난 전기 방전의 충격으로 비행 통제 능력을 상실했기 때문이다
질문: "이 지역에서 비행한 이유는 무엇인가?"
대답: 불타는 구름/방사능/폭발을 조사하러 왔다
질문: "당신 우주선은 어떤 방식으로 비행하는가?"

대답: '마음(MIND)'으로 통제한다, '생각 명령'에 반응한다

'마음(MIND)' 혹은 '생각 명령'이란 표현은, 외계인의 생각을 묘사하기 위해 내가 머리에 떠올릴 수 있는 유일한 영어 단어였습니다. 그들의 몸과 우주선은 그들이 하는 생각으로 통제하는 일종의 전기적 '신경 시스템'과 직접적으로 연결되어 있는 것 같았습니다.

질문: "당신들은 의사 소통을 어떻게 하는가?"
대답: 마음/생각을 통해서 한다

'마음'과 '생각'을 같이 합친 말이 그 당시 외계인이 전달한 아이디어를 묘사하기에 가장 적합한 영어 표현이었습니다. 그녀가 나와 소통하듯이 그들은 마음으로 직접 소통하는 것이 분명했습니다.

질문: "당신은 의사 소통을 할 때 문자나 기호를 사용하는가?"
대답: 그렇다
질문: "당신은 어느 행성에서 왔는가?"
대답: 집/도메인의 고향(THE HOME / BIRTHPLACE WORLD OF THE DOMAIN)

나는 천문학자가 아니어서 별들, 은하수, 별자리와 우주에서의 방향 같은 관점에서는 생각할 도리가 없었습니다. 그녀가 말하는 '집'이나 '고향'은 은하계의 거대한 성단 중심에 있는 행성이라는 느낌을 받았습니

다. '도메인'이라는 말은 그녀가 온 곳에 대한 그녀의 개념이나 이미지, 생각을 바탕으로 내가 할 수 있는 표현 중 가장 근접한 것이었습니다. 그것을 쉽게 '영토'나 '왕국'이라 할 수도 있었습니다만 나는 그것이 단순히 행성 혹은 태양계나 성단이 아니라 엄청난 수의 은하계라고 확신했습니다.

질문: "당신 정부는 우리측 지도자를 만나기 위해 대표단을 보낼 것인가?"
대답: 아니다
질문: "지구와 관련하여 당신은 어떤 의도를 가지고 있는가?"
대답: 도메인의 재산을 보호 유지한다
질문: "지구의 정부와 군사 시설에 대해 어떻게 생각하는가?"
대답: 형편없다/작다, 행성을 파괴한다
질문: "당신들의 존재를 왜 지구인들에게 알리지 않는가?"
대답: 지켜본다/관찰한다, 접촉하지 않는다

지구인들과의 접촉이 금지되어 있다는 인상을 받았고 그 인상은 분명했지만 소통했던 단어나 아이디어를 생각으로 풀 수는 없었습니다. 그들은 우리를 그저 관찰하고 있는 것 같았습니다.

질문: "당신들은 이전에 지구를 방문한 적이 있는가?"
대답: 주기적/반복적 관찰
질문: "지구에 대해 얼마나 오래 알고 있었는가?"
대답: 인간이 존재하기 오래 전부터

첫 번째 인터뷰

'선사(先史)'라는 표현이 더 정확한 건지는 모르겠지만 인간이 나타나기 훨씬 오래 전의 시기임은 분명했습니다.

질문: "지구 문명의 역사에 대해 무엇을 알고 있는가?"
대답: 거의 흥미/관심 없음, 중요하지 않음

이 질문에 대한 대답은 매우 애매했지만 그녀가 지구 역사에 대한 관심이 많지 않고 신경도 쓰지 않는다는 건 알 수 있었습니다. 아니면 혹… 모르겠습니다. 나는 정말로 그 질문에 대한 대답을 정확히 파악하지 못했습니다.

질문: "당신 고향에 대해 우리에게 말해 줄 수 있는가?"
대답: 문명/문화/역사가 있는 곳, 거대한 행성, 항상 풍부한 부/자원, 질서, 힘, 지식/지혜, 두 개의 별, 세 개의 달
질문: "당신 문명은 어느 정도 발달해 있는가?"
대답: 고대, 수 조년, 항상, 다른 무엇보다도, 계획, 일정, 발전, 승리, 높은 목표/아이디어

10억이 여러 개 있는 것보다 더 큰 수를 의미하는 것이 확실했기 때문에 나는 '조(兆)'라는 수를 썼습니다. 그녀가 말한 시간의 길이에 대한 개념을 이해하는 것이 나에게는 너무나 벅찼습니다. 지구 시간의 개념으로 봐서는 거의 '무한대'에 가까운 것이었지요.

질문: "신을 믿는가?"
대답: 우리는 생각한다, 그것이다, 지속시킨다, 항상

외계 존재는 우리가 알고 있는 '신'이나 '숭배'에 대한 개념을 이해하지 못한다고 나는 확신합니다. 그녀가 속한 문명의 사람들은 모두 무신론자일 것입니다. 그들은 스스로를 아주 대단하게 생각하고 자부심이 무척 강하다는 인상을 받았습니다.

질문: "당신들은 어떤 사회 구조를 가지고 있는가?"
대답: 질서, 힘, 항상 미래, 통제, 성장

이런 단어들이 그녀의 사회와 문명에 대해 그녀가 가지고 있는 생각을 표현하는데 가장 적합했습니다. 질문에 대답하는 그녀의 '감정'은 매우 격앙되었고 기쁨으로 밝아졌으며 공감을 끌어냈습니다. 그녀의 생각은 내게 전달했던 기쁨과 희열의 감정으로 꽉 차 있었습니다. 그러나 그것은 또 나를 무척 불안하게 하기도 하였습니다.

질문: "우주에 당신들 외에 지적 생명체가 또 존재하는가?"
대답: 모든 곳에 다 있다, 우리가 가장 위대하다/가장 높다

그녀의 작은 체구로 볼 때 그녀가 의미하는 것이 '키가 크거나' '몸집이 크다'는 의미가 확실히 아니었습니다. 그녀에게 받은 느낌을 통해 다시 한번 그녀의 자부심 강한 '기질'을 엿보았습니다.

첫 번째 인터뷰

마틸다 오도넬 맥엘로이 여사의 개인적인 메모

이렇게 첫 인터뷰는 끝이 났습니다. 첫 질문 목록에 대한 답변이 타자로 기록되고 그걸 기다리는 사람들에게 전달되었습니다.

그들은 내가 외계인에게 말을 시키고 뭔가를 얻어 낼 수 있었다는 사실에 매우 기대를 품고 있었지만 외계인의 답변 기록을 읽은 후에는 내가 명확하게 이해하지 못했던 점을 아쉬워했습니다. 첫 질문 목록에 대한 답변을 보고 그들은 더 많은 새로운 질문이 생긴 것이지요.

장교 한 사람이 다가와 다음 지시사항이 내려질 때까지 기다리라고 말했습니다. 옆방에서 몇 시간을 기다렸습니다. 외계인과 '인터뷰'를 계속 하는 건 허락되지 않았지만 나는 좋은 대접을 받았고 먹거나 자거나 화장실 가는 것도 원하는 대로 할 수 있었습니다.

마침내 내가 외계인에게 물어볼 새로운 질문 목록이 작성되었습니다. 그 사이에 상당수의 다른 요원들, 정부 군 관계자들이 기지에 도착한 것 같았습니다. 다음 인터뷰에는 다른 요원 몇 명이 참석하게 될 거라고 했고, 그 사람들이 필요에 따라 즉각적으로 다른 상세한 질문을 할 수 있기 때문이라고 했습니다. 그러나 내가 그 사람들과 인터뷰 룸에 들어가고 나서는 외계인에게 어떤 감정이나 느낌, 생각을 받을 수가 없었습니다. 아무런 일도 일어나지 않았습니다. 외계인은 부동 자세로 조용히 앉아 있었습니다.

모두 인터뷰 룸을 나왔지요. 이 상황에 대해 한 정보 요원은 매우 감정적이 되었습니다. 그는 첫 번째 질문 목록에 대한 답변들이 내가 거짓 말했거나 조작한 것이 아니냐고 따졌지요. 나는 아주 정직하고 내가 할 수 있는 만큼 정확하게 했다고 주장했습니다.

    그 날 늦게 다른 몇 사람들이 외계인에게 질문해 보기로 결정이 내려졌습니다. 하지만 몇 사람의 각기 다른 '전문가들'이 시도를 했음에도 불구하고 외계인과 소통이 이루어진 사람은 아무도 없었습니다.

    며칠이 지나고 외계인과 인터뷰하기 위해 동부에서 심령학자 한 사람이 왔습니다. 이름이 거트루트 뭐였는데 성은 기억나지 않는군요. 또 천리안을 가졌다는 크리스나무르티라는 인도인도 외계인과 소통하려고 기지에 왔지만 아무도 소통에 성공하지 못했습니다. 나로서도 그 두 사람과는 텔레파시로 소통할 수 없었습니다. 크리스나무르티씨가 매우 친절하고 지적인 신사이긴 했지만요.

    결국 내가 외계인에게 답변을 얻을 수 있을 때, 답변을 알아 듣도록 나를 외계인 옆에 두면 된다는 결정이 내려졌습니다. 결국, 나 혼자 외계인과 남아 다시 의사소통을 하게 되었습니다.

Chapter 3.

두 번째 인터뷰

두 번째 인터뷰

"다음 인터뷰에서는 외계인에게 딱 하나만 질문하라고 했습니다."

공식 인터뷰 필기본

극비 사항
미 공군 공식 필기본
로스웰 공군 기지 509 포격 사단
주제: 외계인 인터뷰 1947년 7월 10일

질문: "왜 대화를 중단했는가?"
대답: 중단하지 않았다, 다른 사람들, 숨김/은폐, 비밀스러운 두려움

외계인은 그들과 소통할 수 없었습니다. 왜냐하면 그들이 그녀를 두려워하거나 믿지 않았기 때문입니다. 그리고 사람들이 그녀에게 비밀스러운 의도를 품고 있거나 자신들의 진짜 생각을 숨기면 그걸 그녀가 정확하게 간파한다는 것을 나는 확실히 알 수 있었습니다. 마찬가지로 외계인은 우리든 누구든 어떤 것에 대해서건 눈곱만큼도 두려워하지 않는다는 것 역시 확실했습니다.

마틸다 오도넬 맥엘로이 여사의 개인적인 메모

다른 방에서 초초하게 기다리는 사람들과 속기사에게 보고하기 전에 외계인의 생각을 매우 신중하게 전달하고자 나는 단어 선택에 아주 고심했습니다.

나 같은 경우 외계인에 대한 두려움이나 오해 때문에는 전혀 고생하지 않았습니다. 나는 그녀에 대해서 그리고 그녀한테서 가능한 한 모든 것을 너무너무 배우고 싶었고 그건 나를 설레게 했습니다. 나도 외계인처럼 인터뷰를 통제하고 있는 '권력자들'이나 정부 요원들을 그다지 신임하지 않았습니다. 확신컨대 군 관계자들은 외계 우주선과 파일럿을 자신들의 손아귀에 쥐고 있다는 사실에 대해 엄청나게 긴장하고 있었습니다.

그 즈음 내 최대의 고민거리는 어떻게 하면 외계인의 생각과 아이디어를 더 분명하게 이해할 수 있을까였지요. 내가 텔레파시 '수신자' 역할은 꽤 잘 하고 있었지만 '송신자'로는 별로였던 것 같습니다.

나는 새로운 외계인 소통 방법이 발견되어 내 통역에 의존하지 않고 직접적으로 그녀의 생각을 알아듣는 정부관계자들이 많아지기를 진심으로 바랐지요. 나는 내가 통역자로서 아주 적격이라고 생각하지 않았지만 여전히 내가 외계인이 소통하려는 유일한 사람이었기 때문에 그 일을 계속 떠맡아야만 했습니다.

그리고 나는 당시 일어나고 있는 일이 인류 역사상 아마도 가장 큰 '사건'이고 내가 그 일에 참여하고 있는 것에 대해 자부심을 가져야 한다는 것을 예리하게 자각해가고 있었습니다. 물론 그 무렵 사건 전반에 대해 언론은 공식적으로 부인하고 있었고 군과 '당국'에 의한 대대적인 은폐 작업은 이미 시작된 상태였습니다.

하지만 나는 외계 생명체와 소통한 지구 최초의(내가 아는 한) 사람이라는 것에 대한 책임의 무게를 느끼기 시작하고 있었습니다. 콜럼버스가 작은 행성에 있는 대륙 하나 크기의 '신세계'를 발견했을 때 어떤 심정이었을 지 알 것 같았습니다. 그런데 나는 완전히 새로운 미지의 우주를 발견하려고 했단 말이지요.

나는 상관으로부터 지시가 내려지길 기다리는 동안 중무장한 헌병 네댓 명의 호위를 받으며 내 숙소로 갔습니다. 검은 양복과 넥타이를 맨 남자 몇 명도 같이 있었습니다. 아침에 일어났을 때도 그들은 여전히 거기에 있었습니다. 숙소로 가져다 준 아침식사를 마치고 그들의 호위를 받으며 인터뷰 룸으로 사용하고 있는 본부 사무실로 다시 갔습니다.

Chapter 4.

세 번째 인터뷰

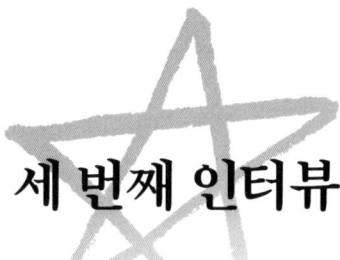

세 번째 인터뷰

마틸다 오도넬 맥엘로이 여사의 개인적인 메모

앞에서 언급했듯이 세 번째 인터뷰와 내가 외계인과 했던 이후의 모든 인터뷰 과정은 10명이 넘는 관계자들에 의해 관찰되었고 기록으로 남겨졌습니다. 그 사람들은 인터뷰 룸에는 물리적으로 함께 있지 않고 외계인이 방해 받지 않도록 특별히 만든 편면거울을 설치한 방에서 모든 인터뷰 과정을 지켜 보았습니다.

외계인은 새로 만든 방으로 옮겨졌고 꽃무늬 천으로 만든 평범한 거실 의자에 앉았습니다. 내가 보기엔 그 거실 의자는 마을로 사람을 보내 제일 가까운 가구점에서 급하게 구입한 의자가 분명했습니다. 외계인의 몸은 아주 깡마른 다섯 살 아이의 몸 정도밖에 되지 않아서 그 의자에 앉으니 더욱 왜소해 보였습니다.

그녀의 몸은 생물학적인 것이 아니어서 음식은 물론 공기나 따뜻한 온기도 필요하지 않았고 분명히 잠도 자지 않았습니다. 그녀의 눈에는 눈썹도 눈꺼풀도 없어 눈을 아예 감지 않았습니다. 그러니 의자에 똑바로 앉아 있는 동안에는 그녀가 자고 있는지 깨어있는지 전혀 알 수가 없었지요. 그녀가 손으로 제스처를 취하거나 몸을 움직이지 않으면 또 혹시 당신이 그녀의 생각을 느낄 수 있다면 모를까, 그녀가 살아있는지 죽었는지조차 분간할 수 없었습니다.

마침내 나는 외계인은 외관이 아니라 말하자면 '성격(personality)'에 의해 식별된다는 것을 알았습니다. 다른 외계인 동료들은 그녀를 '에어릴'로 알고 있다고 했습니다. 에어럴은 내가 가장 근접하게 묘사할 수 있는 영어 철자였지요. 그녀는 여성성을 더 선호하는 것 같아 보였습니다. 우리는 자연스럽고 여성적인 공감대를 형성했고 생명과 서로를 북돋우는 마음을 함께 나누었다고 생각합니다. 그녀는 우주의 비밀을 밝히는 일보다 거만 떨고 권세를 내세우는 일에 치중하는 남성 담당자나 요원들의 호전적이고 공격적이고 위압적인 태도를 분명히 불편해 했습니다.

내가 방에 들어 갔을 때 그녀는 나를 무척 반겼습니다. 그녀로부터 나오는 알아차림과 안도, '따뜻함'이 너무나도 꾸밈없는 감각적 느낌으로 느껴졌습니다. 여전히 차분하고 절제되어 있었지만 그 느낌은 강아지나 아이들에게서나 느낄 수 있는, 너무 기뻐 들뜬 마음과 무조건적이고 플라토닉한 애정에서 나오는 종류의 것이었습니다. 우리가 같이 보낸 시간이 얼마 되지 않았기 때문에 그 외계인 존재에게 나 또한 같은 종류의 애정을 느낀다는 사실에 내가 깜짝 놀랐다고 말하지 않을 수 없군요. 연이어 기지에 도착하는 정부, 군 관계자들의 모든 주의가 쏠려 있음에도 불구하고 나는 그녀와 인터뷰를 계속할 수 있다는 사실이 기뻤습니다.

내게 줄 그 다음 질문 목록을 작성한 사람들이 나를 통하지 않고 그들이 직접 외계인과 소통하는 방법을 배우고 싶어한다는 것이 너무나 역력했습니다.

다음은 새로운 질문 목록에 대한 답변입니다.

공식 인터뷰 필기본

극비 사항
미 공군 공식 필기본
로스웰 공군 기지 509 포격 사단
주제: 외계인 인터뷰 1947년 7월 11일 1차 세션

질문: "지구 언어를 읽거나 쓸 줄 아는가?"
대답: 모른다
질문: "수나 수학을 아는가?"
대답: 안다, 나는 장교/파일럿/엔지니어
질문: "우리 언어로 해석할 수 있는 상징이나 그림을 쓰거나 그릴 수 있는가?"
대답: 잘 모르겠다
질문: "당신 생각을 좀 더 분명히 알 수 있도록 우리를 도울 만한 신호나

의사 소통 방식이 있는가?"

대답: 없다

마틸다 오도넬 맥엘로이 여사의 개인적인 메모

그건 사실이 아닌 게 분명했습니다. 에어럴이 글자나 그림, 기호를 통해 소통할 의지가 없다는 걸 난 명확히 이해했지요. 내 느낌에 그녀는 적에게 생포된 여느 군인처럼 설사 고문을 당하더라도 적에게 유용할 수 있는 정보를 발설하지 말라는 명령에 따르고 있었습니다. 그녀는 기밀 사항이 아닌 '이름, 지위, 군번'같은 개인적인 정보만 밝힐 수 있었고 또 그러려고 했습니다.

공식 인터뷰 필기본

극비 사항
미 공군 공식 필기본
로스웰 공군 기지 509 포격 사단
주제: 외계인 인터뷰 1947년 7월 11일 2차 세션

질문: "성도(星圖)에서 당신 고향 행성이 어디에 있는 지 알려줄 수 있는가?"

대답: 그럴 수 없다

    이는 그녀가 지구에서 고향 행성이 어느 방향에 있는지 몰라서 그런 것이 아니라 위치를 알리고 싶지 않았기 때문이었습니다. 또 그녀의 고향 행성이 너무나도 먼 곳에 있어 지구의 성도에는 나와 있지 않아서이기도 했습니다.

질문: "당신 종족이 당신이 있는 이 곳 위치를 찾는 데 얼마나 걸리겠는가?"
대답: 모르겠다
질문: "당신 종족이 당신을 구조하러 여기까지 오는 데 얼마나 걸리겠는가?"
대답: 몇 분이나 몇 시간
질문: "우리가 당신을 해칠 생각이 없다는 걸 그들에게 어떻게 이해시킬 수 있겠는가?"
대답: 의도는 분명하게 보인다, 당신의 마음/이미지/느낌을 본다
질문: "당신이 생물학적 존재가 아니라면 왜 자신을 여성적으로 언급하는가?"
대답: 나는 창조주다, 어머니/근원이다
질문: "당신이 생물학적인 존재가 아니라면, 당신 자신을 여성적으로 칭하는 이유는 무엇인가?"
대답: 나는 창조주다, 어머니/근원이다

마틸다 오도넬 맥엘로이 여사의 개인적인 메모

이 질문들을 끝내는 데는 겨우 몇 분 밖에 걸리지 않았습니다. 만약 외계인이 군관계자나 정보 요원 그리고 과학자들에게 협조하지 않거나 그들이 유용하다고 판단할 수 있는 정보를 주지 않으려 하면 다소 심각한 일이 벌어질 수도 있다는 것을 나는 알아차렸습니다.

외계인이 내 생각을 읽고 텔레파시를 통해 나와 소통하는 것처럼 쉽게, 이 질문지를 작성한 사람들의 실제 의도도 정확하게 파악한다는 것 역시 확실했습니다. 이러한 그들의 의도 때문에 그녀는 어떤 여건이든 어떤 방식으로든 협조하지도 협조할 수도 없었습니다. 그리고 그녀가 생물학적인 생명체가 아니었기 때문에 그녀의 마음을 바꿀 어떤 고문이나 신체적 억압도 통하지 않았습니다.

Chapter 5.

언어 장벽

언어 장벽

마틸다 오도넬 맥엘로이 여사의 개인적인 메모

외계인이 '대답하지 않는' 이유에 대한 내 개인적인 생각을 정보 요원에게 설명하자 그들은 몹시 당황해 하고 많이 동요했습니다. 정보 요원들, 군관계자들, 심리학자들 그리고 전문 통역사들이 모여 몇 시간에 걸친 열띤 회의를 하고는 마침내 내가 다음 질문들에 대해 그녀로부터 만족할 만한 답변을 얻는 조건으로 외계인과 인터뷰를 계속하도록 한다는 결정이 내려졌습니다.

공식 인터뷰 필기본

극비 사항
미 공군 공식 필기본
로스웰 공군 기지 509 포격 사단
주제: 외계인 인터뷰 1947년 7월 11일 3차 세션

질문: "당신이 우리가 하는 질문에 안심하고 대답할 수 있게 우리에게 어떤 확신이나 증거를 바라는가?"
대답: 그녀만 말한다, 그녀만 듣는다, 그녀만 질문한다, 다른 사람은 안 된다, 배워야 한다/알아야 한다/이해한다

마틸다 오도넬 맥엘로이 여사의 개인적인 메모

내가 그 질문에 대한 외계인의 반응을 보고하기 위해 옆방으로 갔을 때 방에 있던 정보 요원과 군관계자들은 험상궂은 표정을 하면서 내 말을 믿지 못하는 눈치였습니다. 그들은 외계인이 무슨 말을 하는지 전혀 이해하지 못했지요.

나 역시 그녀의 뜻을 제대로 이해하지 못했지만 텔레파시로 보내는 내용을 명료하게 이해하려고 나는 할 수 있는 최선을 다했다고 생각합니다. 관계자들에게 나는, 커뮤니케이션에 문제가 있는 것은 아마 만족할 만큼 충분히 명확하게 외계인의 텔레파시를 이해하지 못하는 내 능력 문제일 거라고 말했습니다.

그렇다고 하고 보니 내 마음은 좌절감에 빠졌고 거의 포기상태가 되

언어 장벽

었지요. 게다가 논쟁은 이전보다 더 심해졌거든요. 외계인이 누구하고도 소통을 거부하고 있고 또 그녀와 소통할 만한 사람을 찾아내지 못했다는 것을 알면서도 나는 내가 이 임무에서 제외될 거라고 확신하기에 이르렀습니다.

그런데 다행히도 해군에서 파견된 일본어 전문가 존 뉴블이라는 아주 영리한 사람이 이 문제에 대한 해결책을 내놓았습니다. 존 뉴블씨가 설명하길, 우선 이 문제는 외계인의 소통 능력과는 아주 미미한 상관관계가 있을 뿐이고 중요한 것은 외계인이 나 이외에 다른 사람과 소통하려는 의지가 없는 것이라고 했습니다. 두 번째로는 정확하고 빠른 이해를 동반하는 소통을 위해서는 양자가 공통의 언어로 소통하고 이해할 필요가 있다고 말했지요.

그는, "언어에서 단어나 상징은 매우 귀중한 개념과 의미를 전달한다. 일본어는 매일매일 하는 일상적인 소통에서도 혼란을 야기시킬 만큼 동음이의어가 많다. 일본어 사용자들은 그들이 사용하고 있는 단어의 정확한 의미를 알기 쉽게 하기 위해 표준 한자를 사용함으로써 이 문제를 해결한다. 정확한 정의를 내린 용어를 사용하지 않는 어린 아이들끼리의 대화나 개나 사람간의 소통은 서로의 의사에 대해 초보적인 이해를 넘어서지 못한다. 누구나 쉽게 사용할 수 있는 명확한 정의를 가진 단어들, 이러한 공통된 어휘가 부족하다는 점은 모든 사람 모든 그룹 모든 나라들 간의 소통이 가지는 한계 요인이었다."라고 설명했습니다.

그리고는 딱 두 가지 선택밖에 없다고 말했습니다. 내가 외계인의 언어를 배우거나, 외계인이 영어를 배우거나. 사실상 가능한 선택은 하나밖에 없었지요. 그것은 에어럴에게 영어를 배우라고 내가 설득한 후 언어 전문가의 안내에 따라 내가 그녀에게 영어를 가르치는 것이었습니다. 다른 제안이 없었기 때문에 이러한 접근을 시도하는 데 아무도 반대하지 않았습니다.

언어 전문가는 나에게 어린이 책 몇 권과 초급 독해 교재 그리고 문법 교재를 인터뷰 룸으로 가지고 들어가라고 했습니다. 그런 후 내가 외계인 옆에 나란히 앉아 함께 책을 보며 그녀가 따라 오도록 손가락으로 글자를 짚어 가며 큰 소리로 그녀에게 책을 읽어주는 것이 그의 계획이었습니다.

이는 아이들이 씌어진 단어를 통해 글자와 소리를 연합하여 읽기와 기초문법 구조까지 배울 수 있는 것처럼 외계인도 결국에는 그렇게 읽기를 배울 수 있다는 논리였습니다. 내 생각에 언어 전문가들은 외계인이 나와 텔레파시로 소통하고 우주선을 조종하여 은하를 날아다닐 정도의 지성을 가졌다면 그녀는 5살 아이만큼 빨리 혹은 그보다 더 빨리 언어를 배울 것이라고 짐작한 것 같았습니다. 나는 인터뷰 룸으로 돌아가 에어럴에게 이 영어 교습 아이디어를 제안했습니다. 그녀는 질문에 대한 답변에 대해서는 언질이 없었지만 언어를 배우는 것에 대해서는 반대하지 않았습니다. 아무도 더 좋은 아이디어가 없었기 때문에 우리는 그렇게 진행하기로 했지요.

Capter 6.

에어럴이 영어를 배우다

에어럴이 영어를 배우다

마틸다 오도넬 맥엘로이 여사의 개인적인 메모

나는 1800년대 미국 개척시대에 개척자 아이들이 다니는 학교에서 사용했던 영어 교재의 첫 페이지로 읽기 수업을 시작했습니다. 맥거피 [McGuffey's Eclectic Reader, Primer Through Sixth]라는 교재였습니다. 내가 교사가 아니라 간호사였기 때문에 내게 그 책을 준 언어 전문가는 하루 온 종일 외계인을 가르칠 교재를 어떻게 사용하는지에 대해 포괄적인 설명을 해 주었습니다. 그리고 특별히 이 교재를 선택한 이유가, 이 교재의 1836년 오리지널 버전이 75년동안이나 미국 학생 80%의 읽기 교재로 사용되었고 그 어떤 책도 그만큼 오랫동안 미국 어린이들에게 큰 영향을 끼치지 못했기 때문이라고 했지요.

맥거피의 교육 과정은 암기를 위해 차례로 알파벳을 보여주는 '초급

과정'으로 시작합니다. 그런 후 알파벳과 소리의 관계를 이해하도록 가르치는 파닉스 교습법으로 단어의 발음과 형태를 가르쳐 아이들이 단계적으로 표현의 방법을 이해하고 문장을 만들 수 있도록 합니다.

'독본의 1장과 2장'에 있는 이야기들은 가족 구성원, 선생님, 친구들 그리고 동물들과 관계를 맺고 있는 아이들을 묘사하고 있는 것을 알 수 있었습니다. '3,4,5,6장'에서는 그 부분을 좀 더 깊게 다루었고요. 그 중 기억나는 이야기는 '과부와 상인'입니다. 가난한 과부와 친구가 되는 상인에 대한 이야기를 도덕적으로 묘사한 것이었습니다. 이야기의 결말 부분에서 과부가 결국 자신의 정직함을 증명하고 상인은 그런 과부에게 훌륭한 선물을 주는 그런 내용이었지요. 자선은 결코 부자들만 베푸는 것이 아니라고 가르칩니다. 관대함은 우리 모두가 실천해야 하는 덕목이라는 것을 우리는 알고 있습니다.

이 독본에 나오는 모든 이야기들은 정직함, 자비심, 검소함, 근면, 용기, 애국심, 신에 대한 숭배, 부모님에 대한 존경과 같은 훌륭한 덕목들을 담고 있는 아주 유익한 내용들이어서 개인적으로 모든 사람들에게 권하고 싶습니다.

또한 교재에 사용되는 어휘들이 현대인들이 일반적으로 사용하는 비교적 한정된 어휘들에 비해 매우 수준이 높다는 것을 알 수 있습니다. 200년 전 미 합중국 헌법 제정자들이 독립 선언문을 작성한 이래 우리는 많은 영어 표현들을 잃어버렸다는 생각이 듭니다.

나는 언어 전문가에게 배운 대로 인터뷰 룸에서 에어럴 옆에 앉아 맥거피 초급 영어 독본 시리즈를 순서대로 큰 소리로 읽어주었습니다. 비록 현대 수준에 비해 뒤떨어지기는 하지만 각 독본이 제시하는 주제나 이야기를 묘사한 단순한 삽화들은 매우 뛰어납니다. 부족한 점이 있었지만 에어럴은 학습을 진행해 가는 과정을 통해 모든 글자, 소리, 음절, 의미 전부를 이해하고 소화하는 것 같았습니다. 우리는 내가 식사하거나 잠깐의 휴식을 취할 때를 제외하고 하루 14시간씩 3일 동안 쉬지 않고 공부했습니다.

에어럴은 쉬지도 자지도 않았습니다. 대신 그녀는 인터뷰 룸의 둔탁한 의자에 앉아 우리가 배운 내용들을 복습했습니다. 아침에 레슨을 시작하려고 하면 그녀는 이미 지난 시간에 배운 내용을 모두 암기하고 오늘 배울 부분의 예습까지 마쳐 놓았지요. 그런 식으로 가속도가 붙어가자 내가 그녀에게 책을 읽어주는 일을 계속하는 건 무의미해지더군요.

비록 에어럴이 말을 할 수 있는 입은 없었지만 그녀는 이제 자신의 '생각'을 나에게 영어로 전달할 수 있게 되었습니다. 레슨이 끝나갈 무렵 그녀는 스스로 읽고 공부할 수 있었지요. 새로운 단어를 찾아서 공부할 수 있도록 사전 보는 법을 알려주었더니 그 이후로 그녀는 꾸준히 사전을 잘 활용하였습니다. 덕분에 내 역할은 영어를 가르치는 역할에서 계속해서 에어럴이 요구하는 참고 도서들을 찾아서 가져다 주는 배달 역할로 바뀌어 버렸지요.

나중에는 뉴블씨가 브리태니커 백과사전 한 질을 가져다 주었더니 에어럴은 그림이 많다고 무척 좋아했습니다. 그런 다음부터 에어럴은 이해가 쉽고 의미를 빨리 파악할 수 있다며 그림과 사진이 많이 들어간 책을 요구했습니다.

이후 엿새 동안 미국 전역에 있는 도서관의 거의 모든 책을 이 곳으로 날랐다고 해도 과언이 아닙니다. 내가 예상한 대로 그녀는 불과 며칠

만에 수백 권의 서적을 독파했으니까요. 그녀는 내가 상상할 수 있었던 모든 주제를 공부한 것은 물론 천문학, 야금술, 기계공학, 수학 그리고 다양한 기술적인 매뉴얼 같은 내가 전혀 관심 갖지 않는 분야의 서적들까지 엄청나게 많이 읽었습니다.

그런 다음에는 소설이나 시 그리고 고전 문학을 읽었고 인문학 특히 역사에 관련된 책들을 엄청나게 많이 요구했습니다. 내 생각에 인류학이나 고고학 관련 책들만 적어도 50권은 읽은 것 같습니다. 그리고 그녀가 성경책을 받아서 본 것이 확실한데 처음부터 끝까지 읽으면서 한 마디의 말이나 질문을 하지 않았습니다.

에어럴이 책을 읽다가 가끔 내게 질문하는 때를 제외하고 그 주 내내 매일 12시간에서 14시간을 함께 보내면서도 우리 사이에 소통은 일어나지 않았습니다. 질문은 대개 그녀가 읽고 있는 책의 내용에서 분명히 하고 싶은 부분이나 글의 배경 혹은 문맥에 대한 감을 잡기 위한 것들이었습니다. 묘하게도 에어럴은 자기가 가장 좋아하는 책은 '이상한 나라의 앨리스' '돈키호테' '천일야화'라고 말하더군요. 그녀는 이런 이야기를 쓴 작가들은 위대한 기술이나 권력보다 위대한 영혼과 상상력을 갖는 게 더 중요하다는 것을 보여준다고 했습니다.

그녀의 많은 질문에 다 대답할 수 없어서 나는 답을 얻기 위해 인터뷰룸 밖의 사람들에게 조언을 구했습니다. 그 대부분은 기술 분야나 과학 분야에 관한 것들이었지요. 몇 가지 인류에 관한 질문도 했는데, 그녀의 질문이 담고 있는 명민함과 복합적인 이해력의 깊이는 그녀가 얼마나 뛰어난 통찰력의 지성을 갖추었는지를 잘 보여주는 것이었습니다.

개인적으로 나는 우리가 처음 인터뷰를 시작했을 때 그녀가 지구의 문화와 역사에 관해 알고 있다고 말한 것보다 분명 훨씬 더 많은 것들을 알고 있다고 생각했습니다. 그리고 곧이어 그녀가 얼마나 많은 것을 알고 있는지 확인할 수 있었습니다.

Chapter 7.
나를 교육시키다

나를 교육시키다

마틸다 오도넬 맥엘로이 여사의 개인적인 메모

추락 현장에서 '구조'된 지 보름이 지난 시점에서 에어럴과 나는 아주 부드럽고 편안하게 영어로 소통할 수 있었습니다. 그 즈음 에어럴은 엄청난 양의 서적을 독파하여 그녀의 학문적인 수준은 나를 훨씬 능가한 상태가 되었지요. 내가 1940년에 LA에서 고등학교를 졸업하고 4년제 의과대학 과정의 간호학을 전공했지만 나는 그렇게 다양한 분야의 책을 읽지 못했습니다.

에어럴의 예리한 이해력과 아주 열성적인 학습 태도 그리고 거의 사진처럼 기억하는 기억력으로 봐서 그녀가 현재 접하고 있는 주제 대부분은 내가 공부하지 않은 것들이었습니다. 그녀는 책에서 본 긴 구절들을 그대로 읊을 수 있었고, 허클베리 핀, 걸리버 여행기, 피터 팬, 슬리피

할로우와 같은 고전 문학에 나오는 이야기들을 특히 좋아했습니다.

이제 에어럴은 선생님이 되었고 나는 학생이 되었습니다. 지구인들한테는 결코 배울래야 배울 수 없는 것들에 대해 배우기 시작했고 편면거울을 통해 인터뷰 룸을 들여다 보고 있는 많은 과학자들과 요원들-나와 에어럴은 그들을 '갤러리'라고 불렀습니다-은 그녀에게 질문을 하지 못해 점점 안달이었지요. 그러나 에어럴은 여전히 나 이외에 어느 누구의 질문도 허락하지 않았고 그들이 서면으로 질문하거나 그들을 대신하여 내가 통역하는 방식으로 하는 질문조차 모두 거부하였습니다.

16일 오후의 일입니다. 나는 책을 읽고 있는 에어럴 옆에 나란히 앉아 있었습니다. 그녀가 읽고 있던 책의 마지막 장을 다 읽고 옆으로 치우자 옆에 수북이 쌓여 있는 책들 중 한 권을 그녀에게 건네주려고 하자 에어럴이 나에게 '생각'으로 말을 했습니다. "이제 말할 준비가 되었다" 처음에는 그녀로부터 전해지는 신호가 살짝 혼란스러워 그녀에게 계속하라는 제스처를 취했더니 그녀는 첫 번째 레슨을 시작하였습니다.

공식 인터뷰 필기본

극비 사항
미 공군 공식 필기본
로스웰 공군 기지 509 포격 사단
주제: 외계인 인터뷰 1947년 7월 24일 1차 세션

"에어럴, 무슨 말을 하고 싶어요?"

"나는 수 천 년간 우주의 여기 이 섹터를 담당해온 도메인 원정대의 일원입니다. 하지만 나는 개인적으로 기원전 5965년 이래 지구의 존재와 사적인 접촉을 한 적이 없었습니다. 도메인 소속 행성에 거주하는 생명체와 교류하는 것은 내 주 임무가 아닙니다. 나는 해야 할 임무가 많은 장교이자 파일럿, 엔지니어입니다. 나는 도메인에 속하는 언어 347개를 유창하게 구사하지만 당신들이 사용하는 영어는 배우지 않았습니다.

내가 마지막으로 할 수 있었던 지구 언어는 베다 찬송가를 썼던 산스크리트어였습니다. 당시 히말라야 산맥에 있던 도메인 기지가 파괴되고 그 곳에 주둔했던 대대의 모든 장교, 파일럿, 통신원, 행정요원들이 실종되는 사태가 발생했고 나는 그 사건을 조사하라는 임무를 맡고 파견된 대원이었지요.

수 백만 년 전 나는 도메인에서 연구, 정보 분석, 프로그램 개발 장교로서 훈련 받고 복무했었기 때문에 그 분야의 기술에 노련했습니다. 그래서 내가 조사대의 대원으로 지구에 파견되었지요. 사건 당시 인근 지역에 살고 있던 인간들을 심문하는 것이 내 임무였는데 많은 사람들이 그 지역에서 '비마나' 혹은 우주선을 목격했다고 보고했습니다.

확실한 증거가 없는 만큼 증거 수집과 조사의 범위를 논리적으로 확장시켜가며 나는 우리가 전혀 눈치채지 못하도록 완벽하게 은폐된 '구제국(Old-Empire)'의 우주선과 시설들이 여전히 태양계 내에 존재한다는 사실을 밝히고자 팀을 이끌었습니다.

당신과 내가 영어로 소통할 수 없었던 이유는 내가 개인적으로 영어에 한 번도 노출된 적이 없기 때문입니다. 허나 지금은 내가 당신이 준 자료와 책을 스캔해서 이 구역 내 우주 본부로 전송하면 이 데이터들을 담당 통신 장교가 도메인 컴퓨터를 통해 도메인 언어로 번역하여 내가 생각할 수 있는 텍스트로 재전송해 줍니다. 또한 나는 도메인 컴퓨터에 저장된 지구 문명과 관련된 도메인의 기록들과 영어에 대한 파일에서 추출한 추가적인 정보들도 받았습니다.

　이제 나는 당신들에게 위대한 가치가 있는 확실한 정보를 알려 줄 준비가 되었습니다. 나는 당신에게 진실을 말해 줄 것입니다. 진실이라는 것이 모든 다른 진실에 상대적인 것이기는 하지만 나는 내가 본 것으로서의 진실을, 내가 일하고 있고 또 지지하고 보호하기로 맹세한 조직을 위한 임무에 위배됨이 없이, 나 자신과 내 행로의 성실함의 범위 내에서 가능한 한 정직하고 정확하게 당신과 나누기를 바랍니다."

　"네, 좋아요" 나는 생각했습니다.

　"이제 갤러리들이 하는 질문에 대답하겠습니까?"

　"아닙니다. 나는 질문에 답하지 않을 것입니다. 지구를 안전하게 지키고 보존하는 것은 내 임무의 일부이기 때문에 나는 인류를 구성하고 있는 불멸의 영적 존재들의 안위에 유익하다고 생각하는 정보를 당신에게 제공할 것이고 그것은 지구 환경과 모든 무수한 생명체의 생존을 도와 줄 것입니다."

　"모든 지각 있는 존재는 불멸의 영적 존재라고 나는 확신합니다. 여기에는 인간도 포함되지요. 단순하고 정확하게 표현하기 위해 나는 조어(造語)인 'IS-BE'(이하 이즈비)라는 단어를 사용할 것입니다. 불멸의 존재 본연의 모습은 '지금 이 순간에 존재함(is)'이라는 영원의 상태에서 사는 것이고 그들이 존재하는 유일한 이유는 그들이 '존재함(be)'을 결정했기 때문입니다.

아무리 사회적 지위가 낮다 하더라도 모든 이즈비들은 나 자신이 다른 이로부터 받고자 하는 존중과 대우를 받을 충분한 자격이 있습니다. 모든 지구 개인이 그 사실에 대한 자각이 있든 없든 그들은 여전히 이즈비입니다."

마틸다 오도넬 맥엘로이 여사의 개인적인 메모

나는 평생 이 대화를 잊지 못할 것입니다. 그녀의 말투는 감정이 배제된 무척 사무적인 것이었지만 처음으로 에어럴 안에 있는 따뜻한 그의 진짜 '성품'의 실재가 느껴졌습니다. 에어럴이 언급한 '불멸의 영적 존재'라는 말은 마치 깜깜한 방에 비치는 한 줄기 빛처럼 나에게 감명을 주었습니다. 나는 이전에 한번도 인간이 불멸의 존재일 수 있다고 생각해 본 적이 없었습니다.

그러한 현상이나 힘은 오직 성부와 성자와 성신에게만 해당되는 것이라고 생각했습니다. 그리고 내가 독실한 천주교 신자이고 성부와 주 예수의 말씀을 따르기 때문에 나는 한 번도 여성을 -성모 마리아조차도- 불멸의 영적 존재로 생각해 본 적이 없었습니다. 그런데 에어럴이 그 생각을 생각했을 때 나는 그녀가 불멸의 영적 존재이고 또한 우리 모두가 그렇다는 것을 바로 그 때 처음으로 그것도 생생하게 알아차리게 되었지요.

에어럴은 내가 그 생각에 대해 혼란스러워하는 거 같다며 내가 모두

와 마찬가지로 불멸의 영적 존재라는 것을 내게 직접 보여주겠다고 했습니다. 에어럴은 "네 몸 위에 있어라"하고 말했고 그리고 곧장 나는 내가 내 몸 밖으로 나와 천정에서 내 몸의 머리 꼭대기를 내려다 보고 있는 것을 알았습니다. 그리고 내 것인 몸 옆의 의자에 앉아 있는 에어럴의 몸을 포함하여 나를 둘러싼 전체 방도 볼 수 있었습니다. 그리고 나는 '내'가 내 몸이 아니라는, 단순하지만 놀라운 사실을 깨달았습니다.

그 순간에 나를 가리고 있던 검은 베일은 벗겨지고 과거 오랫동안 나는 '내 혼'이 아니었고 '나(I)'는 하나의 영적 존재인 '나(me)'였다는 것을 생전 처음으로 알아차렸습니다. 이것은 뭐라 말로 설명할 수 없는 통찰이었고 또한 한 번도 경험해보지 못한 기쁨과 안도로 나를 꽉 채워 주었습니다. 지금까지 살아오면서 나는 내가 불멸의 존재(어쩌면 영(靈)은 그럴지도 모르겠다)가 아니라고 늘 배워왔기 때문에 -그리고 정말로 나는 불멸의 존재가 아니다!- 그녀가 말한 '불멸'이라는 부분에서는 이해가 가지 않았습니다.

잠시 후 -시간이 얼마나 흘렀는지 모르지만- 에어럴이 나에게 이해가 좀 되었냐고 물었습니다. 순간적으로 나는 다시 내 몸 속으로 돌아왔고 나는 큰 소리로 "그래요! 이제 무슨 말인지 알겠어요!"라고 대답했습니다.

나는 너무나 당황스러워 의자에서 일어나 잠시 방안을 거닐어야 했습니다. 그리고는 물을 마시고 화장실에 가 거울에 비친 내 모습을 잠시 바라보았습니다. 볼일을 보고 화장을 고치고 옷매무새를 단정히 하였습니다. 10분에서 15분 정도가 지나서야 나는 '정상'으로 돌아왔고 인터뷰 룸으로 다시 갔습니다.

그 일이 있은 후 나는 내가 에어럴의 통역관이 아니라 '그녀와 같은 영'이라고 느끼게 되었습니다. 가족이나 친한 친구에게서나 느껴보았던 마치 집에 있는 것 같은 편안함을 느꼈습니다. 에어럴은 '개인의 불멸'이라는 개념에 대해 내가 혼란스러워하는 것을 알아차리고 이에 대해 나에게 설명하면서 첫 '수업'을 시작했습니다.

이어지는 공식 인터뷰 필기본

에어럴은 왜 지구에 왔고 왜 509 포격 중대 영내를 비행하고 있었는지에 대해 이야기했습니다. 상부의 지시로 뉴멕시코의 핵무기 폭발 실험에 대해 조사하기 위해 그녀는 지구에 왔습니다. 정확한 임무는 핵폭발로 인해 환경에 영향을 미칠 잠재적 피해와 방사능 수치를 확인할 수 있는 대기에 대한 정보를 수집하는 것이었습니다. 이 임무 수행 중에 우주선이 번개를 맞았고 그로 인해 비행 통제 능력을 상실, 추락했던 것입니다.

우주선은 배우들이 가면이나 무대의상을 입는 것처럼 '인형 몸'을 입는 이즈비들이 조종합니다. 인형 몸은 물리적 세계에서 우리가 조종하고 작동시켜 사용하는 기계적 도구와 같습니다. 모든 장교급 이즈비들과 그의 상사들은 임무 수행 중에는 이런 '인형 몸'을 입습니다. 그들이 임무 수행 중이 아닐 때에는 몸에서 나와 몸을 사용하지 않고 작업하고 생각하고 소통하고 여행하고 존재합니다.

인형 몸은 합성물질로 만들고 몸에는 아주 정교한 전자 신경 체계를 장착하는데 그 전자 신경 체계는 각 이즈비들이 발산하는 각기 다른 독특한 진동이나 파장에 맞춘 전자파로 조율하여 입거나 아니면 각 이즈비들이 알아서 몸에 적응하는 방식으로 사용합니다. 각 이즈비들은 라디오 송수신 주파수처럼 자신들 고유의 독특한 파동을 만들 수 있는 능력이 있는데 이런 고유한 파동은 마치 지문처럼 신분확인에 사용되기도 합니다. 인형 몸은 이즈비에게는 라디오 수신기와 같은 역할을 하며 지문처럼 완전히 똑같은 주파수나 똑 같은 인형 몸은 없다고 합니다.

각 이즈비 승무원들이 입고 있는 인형 몸은 우주선에 장착된 '신경 체계'에 주파수를 맞춰 서로 연결되어 있습니다. 우주선은 인형 몸과 거의 같은 방식인데 특별히 각 승무원의 주파수에 맞춰서 제작됩니다. 그래서 우주선은 이즈비들이 발산하는 에너지나 '생각'으로 작동시킬 수 있습니다. 이러한 작동 방식은 정말로 너무나 직접적이고 단순한 제어 시스템입니다. 따라서 우주선에는 복잡한 통제 장치나 내비게이션과 같은 장비가 장착되어 있지 않습니다. 우주선은 마치 이즈비의 일부처럼 작동됩니다. 그런 우주선이 번개를 맞자 누전이 발생해 우주선의 통제 시스템은 승무원들과의 연결이 끊겼고 그 결과 순간적으로 추락이라는 결과를 낳았던 것입니다.

에어릴은 '도메인(The Domain)'이라고 하는 스페이스 오페라 문명 소속의 탐험대 장교이자 파일럿이며 엔지니어였고 지금도 그러합니다. 이 문명은 물리적 우주 전체를 통틀어 그 4분의 1에 해당하는 우주 공간 내에 있는 방대한 수의 은하계, 별들, 행성들, 달들 그리고 소행성들을 관리합니다. 그녀가 속한 조직이 맡은 지속적인 임무는 '도메인의 영토와 자원을 지키고 관리하고 확장하는 것'입니다.

에어럴은 그들이 하는 활동이 여러 면에서 성부와 교황, 그리고 스페인과 포르투갈 왕들을 위해 나중에는 네덜란드, 영국, 프랑스 등등을 위해 신대륙을 '발견'하고 권리를 '주장'했던 유럽 탐험대와 비슷하다고 했습니다. 유럽은 원주민들한테서 '취득한' 재산으로 많은 이익을 취하였습니다. 유럽국가들은 자신들의 세력을 확대시킬 수 있는 많은 영토와 부를 취하기 위해 병사와 성직자들을 신대륙에 보냈고 그 땅을 그들의 영토로 편입시켰습니다만 원주민들은 결코 그런 병사와 성직자들을 그들의 땅에 허락한 적도 없고 그들의 부속 지역으로 전락하는 것을 원한 적이 없었습니다.

에어럴은 한 스페인 왕이 자신의 군대가 원주민들을 무자비하게 다룬 것을 후회하는 이야기를 역사책에서 보았다고 했습니다. 그 왕은 신약에 나오는 이야기들처럼 자신에게도 그가 숭배하는 하느님으로부터 천벌이 내려질까 두려워한 것입니다. 그는 교황에게 부탁해 첫 교전에서 만나는 원주민에게 읽어줄 '요구 조항'이라는 성명서를 준비했습니다.

그 왕은 원주민들이 그 성명서를 받아들이건 거부하건 간에, 그 성명서가 원주민을 학살하고 노예로 삼은 것에 대한 왕으로서의 모든 책임을 면제시켜 줄 것을 바랐습니다. 뿐만 아니라 그의 군대나 교회가 원주민의 영토와 재산을 몰수하는 것을 정당화하는 데 이 성명서를 이용하였습니다. 교황도 이에 대한 죄의식이나 책임감은 전혀 없어 보였습니다.

에어럴은 '그런 행동은 매우 비겁한 것이다, 스페인의 영토가 그렇게 빨리 줄어든 것은 전혀 놀라운 일이 아니다'라고 언급했습니다. 불과 몇 년 후에 왕은 죽고 그의 왕국은 다른 나라가 합병해 버렸습니다.

에어럴은 도메인에서는 이런 식으로 처신하는 일은 없다고 말했습니다. 그들의 리더들은 도메인의 모든 행위에 대해 완벽히 책임지고 스페인 왕이 하는 그런 방식으로 스스로의 명예를 더럽히는 일은 하지 않는다고 말했습니다. 또한 어떤 신도 두려워하지 않고 자신의 행위에 대해 후회하지 않는다고 했습니다. 이 이야기를 듣고 에어럴의 종족은 무신론자일 것이라는 나의 짐작이 더욱 굳어졌습니다.

도메인이 지구를 취했을 때, 도메인의 통치자들은 그들 세력을 지구에 노출시키기에 이해관계가 적당한 어떤 시기가 되기 전까지는 지구 '원주민'에게 그들의 취지나 계획을 공개하지 않기로 결정했습니다. 현재로서는 도메인 원정대의 존재를 인류에게 알릴 전략적 요구가 없습니다. 사실 지금까지는 나중에 밝혀지게 될 몇 가지 이유로 인해 매우 적극적으로 그 사실을 숨겨왔습니다.

도메인에게 지구 근처의 소행성대는 아주 작지만 이 우주 지역에서 위치적으로 아주 중요합니다. 실제로 우리 태양계 내 주목 받는 몇몇 소행성은 저중력 '우주 정거장'으로 사용하기에 아주 적합하여 그 가치가 매우 높이 평가되고 있습니다. 그들은 지구 반대쪽 달 표면에 주로 많은 우리 태양계 내의 저중력 인공위성들과 수 십 억년 전에 한 행성이 파괴되어 이루어진 소행성대와 그보다 좀 작은 화성과 금성에 원래 관심이 있었습니다. 석고로 합성한 돔 형태의 구조물이나 전자기 스크린으로 보호하는 지하 기지는 도메인 부대의 용도로 손쉽게 짓습니다.

우주의 한 지역을 이렇게 도메인이 취하여 그 영토가 도메인의 관리 하에 들어가게 되면 그것은 도메인의 '재산'이 됩니다. 지구 근처 '우주 정거장'이 중요한 이유는 도메인이 은하계 중심과 그 너머로 확장해 나가는 길목에 있기 때문입니다. 물론 지구인을 제외한 도메인의 모든 이들은 이 사실을 알고 있습니다.

Chapter 8.

고대사 수업

고대사 수업

마틸다 오도넬 맥엘로이 여사의 개인적인 메모

밤을 꼬박 새고 다음날 새벽까지 에어럴은 나를 가르쳤습니다. 수업을 받으면서 나는 그 내용에 내가 빠져드는 걸 느끼면서도 마음은 의심스러웠고 충격적이었고 또 놀라웠으며 당황스럽고 언짢았습니다. 그녀가 내게 말해 준 내용은 정말 내가 한 번도 상상해 본 적이 없는, 꿈에서조차 본 적이 없는 것이었습니다.

다음 날 오후, 한 숨 자고 샤워와 식사를 마친 후 나는 지시에 따라 에어럴이 내게 가르친 것에 대한 내 통역내용을 기록한 갤러리들에게 지난 밤의 인터뷰 내용을 보고했지요. 평소와 마찬가지로 이번 세션에도 매 인터뷰 후 내가 인터뷰 내용을 보고했던 속기사와 내 진술에 해명을 요구하는 예닐곱 명의 남자들이 있었습니다. 늘 그래왔듯 그 갤러리들은 에어럴의 나에 대한 신망을 이용해 특정 질문에 대한 답변을 얻으려고 내가 그녀를 설득하도록 종용했습니다. 그러면 나는 내가 그렇게 하려고 최선을 다해 노력하고 있다는 것을 모두에게 재차 확인시키고자 애써야 했지요.

그런데도 그 날 이후로 매일 3가지 일 밖에 일어나지 않았습니다.

1) 갤러리들의 질문인 것이 감지되면 에어럴은 단호하게 답변을 거부하였다.
2) 에어럴이 선택한 주제로 나를 계속 가르쳤다.
3) 에어럴은 인터뷰나 그녀의 수업이 끝나는 매일 저녁에 그녀가 더 많은 정보를 알고 싶어하는 주제에 관한 새 목록을 만들어 나에게 주었다. 그 새 목록을 매일 저녁 나는 갤러리들에게 전했다. 그러면 다음 날 에어럴은 그녀가 요구한 많은 책과 잡지, 자료들 따위를 큰 더미로 받았다. 에어럴은 이렇게 받은 자료들을 내가 밤새 자는 동안 다 공부했고 이런 패턴은 내가 그녀와 보낸 마지막 날까지 반복되었다.

인터뷰와 수업은 도메인의 관점에서 본 지구 근방의 우주와 우리 태양계, 간단한 지구 역사를 관련 주제로 하여 계속 이어졌습니다.

공식 인터뷰 필기본

극비 사항
미 공군 공식 필기본
로스웰 공군 기지 509 포격 사단
주제: 외계인 인터뷰 1947년 7월 25일 1차 세션

역사라는 것을 이해하기에 앞서 시간이라는 것에 대해 먼저 알아야 합니다. 시간은 공간에 있는 사물들의 움직임을 측정하는 임의의 수단일 뿐입니다. 공간은 선형적인 것이 아닙니다. 공간은 사물을 볼 때의 이즈비의 관점에 의해 결정됩니다. 이즈비와 보고 있는 사물 사이의 거리를 '공간'이라 부릅니다.

공간에 있는 사물 혹은 에너지 덩어리는 반드시 선형의 형태로 움직이지 않습니다. 이 우주에서 사물들은 무작위적으로, 곡선의 형태로, 주기적 패턴에 따라 혹은 합의된 규칙에 따라 움직이는 경향이 있습니다.

역사는 지구의 역사를 기록한 책을 쓴 작가들이 했던 것처럼 그저 일련의 사건들을 선형적으로 기록하는 것이 아닙니다. 역사는 쭉 늘어나는 끈이 아니며 자처럼 지점을 표시를 할 수도 있는 것이 아니기 때문입니다. 역사는 굴복 당한 자가 아닌 끝까지 살아남은 자의 관점으로 기록되고, 공간에서 일어나는 사물의 움직임에 대한 주관적인 관찰입니다. 사건은 쌍방향으로 그리고 동시에 일어납니다. 마치 생물학적 신체가 심장으로 혈액을 펌프질 하면 그 동안 폐는 태양에서 에너지를 식물에서는 화학 성분을 받아 재생산하는 세포에게 산소를 공급하고, 동시에 간은 혈액에 있는 불순물을 여과하고 방광이나 장을 통해 제거하는 것처럼 말입니다.

이러한 모든 상호작용은 동시발생적입니다. 비록 시간이 연속적으

로 흐를지라도 사건은 선형적인 흐름에서 독립적으로 발생하는 것이 아닙니다. 역사나 과거의 현실을 이해하고 고찰하기 위해서는 모든 사건을 상호작용하는 전체의 일부로 보아야 합니다. 시간 역시 물리적 우주 전체에 걸쳐 균일한 진동으로 감지될 수 있습니다.

에어럴은, 이즈비들이 우주의 시작 그 이전부터 존재해 왔다고 설명했습니다. 그들을 '불멸의 존재'라고 부르는 이유는 '영(spirit)'은 태어나는 것이 아니고 죽을 수도 없지만 '무엇이고 /무엇인가 될(is-will be)' 것이라는 하나의 개인적으로 인식된 지각 안에서 존재하기 때문입니다. 또 모든 영은 같은 것이 없이 모두 다르다고 조심스럽게 설명해 주었습니다. 정체성, 힘, 자각과 능력 면에서 각각 완전히 고유성이 지닌다고 했습니다.

에어럴과 같은 이즈비가 지구에서 육체를 입고 살아가는 대부분의 이즈비들과 다른 점은 그녀는 자신의 '인형 몸'에 마음대로 들어가고 나갈 수 있습니다. 또한 물질을 꿰뚫어 그 깊이를 선별해 지각할 수 있고 다른 도메인 장교들과 텔레파시로 소통이 가능합니다. 이즈비는 물리적 우주의 존재가 아니므로 시간이나 공간에서 위치를 차지할 수 없습니다. 이즈비는 말 그대로 '비물질'입니다. 그들은 어마어마한 거리의 공간도 즉시 메울 수 있습니다.

그리고 신체의 감각 기관을 사용하지 않고도 생물학적 육체보다 더 강렬하게 감각을 경험할 수 있고 지각되는 통증을 차단할 수도 있습니다. 에어럴은 자신의 '정체성'을 기억할 수 있는데 그것은 말하자면 수조년 동안의 시간, 그 흐릿한 안개 속으로 되돌아 가는 동안의 모든 것을 기억할 수 있다는 것입니다.

그들은 신체 감각기관을 사용하지 않아도, 생물학적 육체보다 훨씬 더 강렬하고 민감하게 감각을 느낄 수 있으며, 그들은 또한 통증을 인식하지 않을 수 있습니다. 에어럴은 또한 자신의 '존재'뿐만이 아니라, 수조 억년 동안 흐릿한 안개 상태로 있었던 그 당시의 그녀에 대해서도 기억할 수 있습니다.

우주에 바로 이웃한 태양 더미는 지난 200조년 동안 불에 타고 있고 물리적 우주의 나이는 거의 무한에 가깝지만 아마 가장 일찍 시작된 것을 기준으로 하면 적어도 4천 조년은 되었을 거라고 에어럴은 말했습니다.

시간은 이즈비들의 주관적인 기억을 바탕으로 하고 물리적 우주가 시작된 이래 그 전체를 통틀어 사건의 동일한 기록이 없습니다. 그래서 시간은 측정하기 어려운 인자입니다. 지구상에는 움직임의 순환이나 지속 시기와 연대를 정립할 수 있는 시작점을 사용한 다양한 문화들에 의해 정의된 시간 측정 시스템이 여러 가지 많이 있습니다.

물질 우주 자체는 개별 이즈비나 이즈비 그룹에 의해 창조된 각각 다른 많은 개별 우주의 수렴과 융합과정을 통해 만들어졌습니다. 이러한 가상 우주의 충돌은 뒤섞이고 합체되어 공동 창조의 우주 형태로 굳어졌습니다. 에너지와 형상은 창조될 수 있으나 파괴될 수 없으므로 이 창조적인 과정은 거의 무한의 물질적 규모의 무한 확장 우주 형태로 지속되고 있습니다.

이 물질 우주의 형태 이전에 우주는 견고하지 않을뿐더러 전적으로 환영이었던 시기가 엄청나게 오랫동안 지속되었습니다. 그 우주는 마법사의 의지로 나타나기도 사라지기도 하도록 만들어진 마법의 환영 같은 우주라고 말할 수도 있겠습니다. 그 '마법사'는 모두 하나 혹은 그 이상의 이즈비들입니다. 지구의 많은 이즈비들은 아직도 그 때의 이미지들을 희미하나마 기억할 수 있습니다. 마법, 요술, 마술에 관한 이야기, 동화나 신화들이 비록 아주 조악하게 표현되긴 했지만 그런 일들을 말하는 것입니다.

이즈비들은 자신의 '고향' 우주를 잃어버렸을 때 물질 우주에 들어옵니다. 이즈비의 '고향' 우주가 물질 우주에 의해 점령당했거나 다른 이즈비와 손잡은 이즈비가 물질 우주를 창조하거나 정복했을 때 그렇게 되지요.

다음 2가지 이유로 인해 지구에서는 이즈비가 물질 우주로 들어갔을 때를 측정하기가 어렵습니다. 1) 지구 이즈비의 기억은 지워졌고, 2) 이즈비가 물질 우주로 도착하거나 침략한 시기가 각기 다 다르기 때문입니다. 60조년 전에 물질 우주로 온 이즈비가 있는가 하면 겨우 3조년밖에 되지 않은 이즈비들도 있지요. 몇 백 만년 만에 한 번씩 한 지역이나 행성 전체를 그 곳에 들어온 다른 이즈비 그룹이 점령하게 됩니다.

점령당한 이즈비들은 노예가 되거나 강제로 육체를 입고 거친 막노동을 했는데, 특히 지구 같은 무거운 중력이 작용하는 행성에서는 철광 원석 캐는 일을 했습니다.

에어럴은 6억 2천 5백만년 이상 도메인 원정대 소속 대원으로 일해왔으며 그녀가 생물학적 탐사 임무를 받고 파일럿이 되었을 때 그 임무에 비정기적 지구 방문이 포함되었었다고 말했습니다. 그녀는 당시 경력상에 있었던 모든 일을 기억할 수 있고 그 이전의 오랜 기간 역시 모두 기억할 수 있다고 했습니다.

그녀는 내게 지구 과학자들은 물질의 나이를 측정할 수 있는 정밀한 측정 시스템을 가지고 있지 않다고 말했습니다. 유기물이나 탄소 기반 물질과 같은 특정 타입의 물질이 더 빠른 속도로 퇴화하는 것처럼 보이기 때문에 그들은 물질의 퇴화가 있다고 추정합니다. 나무나 뼈의 나이 측정법을 기준으로 돌의 나이를 측정하는 것은 정확도가 떨어집니다. 이것은 근본적인 잘못입니다. 사실상 물질은 퇴화하지 않습니다. 그것은 파괴되지 않습니다. 물질은 형태를 바꿀 수는 있지만 절대로 파괴되지 않습니다.

약 80조년 전에 우주 여행 기술이 발전한 이래 도메인은 우주의 이 구역에 있는 은하계의 정기적 조사를 실시하였습니다. 산맥의 융기와 침강, 대륙의 위치 변화, 행성의 극 이동, 강이나 계곡 협곡의 변화, 만년설과 대양이 나타나기도 하고 사라지기도 하는 등의 지구의 변화 양상에 대한 보고가 있었습니다. 이런 모든 경우에 물질은 같습니다. 그것은 항상 같은 모래입니다. 모든 형태와 실체는 결코 퇴화하지 않는 동일한 기본 물질로 이루어집니다.

마틸다 오도넬 맥엘로이 여사의 개인적인 메모

수 조년 후에 문명이 기술적으로 그리고 정신적으로 얼마나 발전할지 나로서는 상상조차 할 수 없습니다. 기껏 150년 전과 지금만 비교해도 우리 나라가 얼마나 발전했는지 생각해 보십시오. 불과 몇 세대 전까지 교통수단은 걷거나 말, 배 뿐이었고 촛불을 켜고 책을 읽었지요. 난방이나 요리는 벽난로를 사용했고 집 안에는 화장실도 없었단 말입니다!

공식 인터뷰 필기본

에어럴은 도메인 이즈비 장교들의 능력에 대해 나에게 이야기했고 소행성대에 주둔하고 있는 도메인 장교와 텔레파시로 접속할 때의 모습을 나에게 보여주었습니다. 소행성대는 한 때 화성과 목성 사이에 존재했던 행성이 부서져 흩어진 수 천 개의 조각들입니다. 이 곳은 저중력 상태라 우리 은하계 중심으로 비행하는 우주선의 이륙을 위한 훌륭한 출발 지점 역할을 하고 있습니다.

그녀는 지구 역사와 관련한 도메인 '파일'에 저장된 정보를 이 통신 장교에게 살펴 보도록 요청했습니다. 그리고 그 정보들을 그녀에게 '주입' 하라고 했고 그 통신 장교는 즉시 그 요청에 응했습니다. 도메인 파일에 저장된 정보를 바탕으로 에어럴은 나에게 '역사 수업' 혹은 역사에 대한 개요를 알려줄 수 있었습니다. 다음은 도메인이 지구 역사에 대해 관찰한 것들을 에어럴이 나에게 알려준 것입니다.

도메인 원정대가 처음으로 밀키 웨이 은하계로 진입한 것은 아주 최근의 일로 약 일만 년 전입니다. 그들의 첫 작업은 이 은하계와 다른 근접한 우주 지역의 중앙 정부 역할을 하는 '구제국'(이것은 이 행성의 정식 명칭이 아니라 도메인이 자신들이 정복한 문명에게 붙이는 별명이다)의 고향 행성을 정복하는 것이었습니다. 이런 행성들이 북두 칠성의 끄트머리에 있는 스타 시스템 안에 있다고 했지만 그녀는 정확히 어떤 별이라고는 언급하지 않았습니다.

약 1500년 후 도메인은 이 은하계와 그 너머로 세력 확장을 해나가기 위한 진입 방향 곳곳에 군사 기지를 세우기 시작했습니다. 약 8200년 전 도메인 군은 현재의 파키스탄과 아프가니스탄 국경에 가까운 히말라야 산맥에 지구의 베이스 기지를 설치하고 약 3000명의 대원으로 구성된 도메인 원정대의 본부로 사용했습니다.

기지는 산 꼭대기 안 쪽이나 아래에 설치했습니다. 부대원들에게 필요한 공간과 우주선을 안착시킬 수 있는 충분한 장소를 확보하기 위해 산 꼭대기를 움푹하게 파내었지요. 그리고는 기지를 은폐하기 위한 '차폐물(force screen)'로 산의 안쪽에서 산 꼭대기로 가짜 이미지를 투영하는 전자 환영 스크린을 활용했습니다. 그렇게 우주선은 호모 사피엔스들의 눈에 띄지 않고 차폐물을 통해 자유롭게 출입하고 안전하게 부대 내부에 있을 수 있었습니다.

그러나 도메인 원정대가 그 곳에 주둔한 지 얼마 되지 않아 기지는 구제국 잔당들의 기습을 받았습니다. 도메인이 전혀 몰랐던 구제국의 비밀 지하 기지가 화성에 아주 오랫동안 존재해왔던 것입니다. 화성의 비밀 지하 기지의 군사 공격으로 도메인의 기지는 전멸되고 도메인 원정대의 이즈비들은 생포되었지요.

도메인이 그렇게 큰 부대의 장교와 부대원들을 잃고 얼마나 당황했는지 아마 짐작이 될 것입니다. 그래서 다른 도메인 부대의 부대원들을 지구로 보내 실종된 부대원들을 수색했으나 수색 대원들 역시 공격을 받았습니다. 생포된 도메인의 이즈비들은 지구로 쫓겨났던 다른 모든 이즈비들과 마찬가지 방법으로 기존의 기억을 모두 삭제 당하고 가짜 이미지를 주입해 기억을 재구성, 최면적 명령에 복종하도록 처리된 후 생물학적 육체로 살아가도록 지구로 보내졌습니다. 그들은 오늘날까지 지구에서 인류의 일부로 살아가고 있습니다.

　실종된 부대원들에 대한 도메인의 끈질기고 광범위한 조사를 통해 도메인은 구제국이 수백만 년 동안 은하계 일부 지역에 거대한 통제 기지를 설치하여 아주 은밀히 관리 운영해왔다는 사실을 발견했습니다. 얼마나 오랫동안 기지를 유지해 왔는지는 아무도 모릅니다. 이윽고 구제국군의 우주선과 도메인은 태양계 우주 공간에서 공개적인 교전을 치렀습니다.

　구제국과 도메인의 교전은 도메인 군대가 이 지역의 구제국 소속 마지막 우주선을 괴멸한 서기 1235년까지 계속되었다고 에어럴은 말했습니다. 도메인 원정대 역시 그 기간 동안 이 곳에서 많은 우주선을 잃었지요.

　약 1000년이 지난 서기 1914년 봄에 구제국 비밀기지는 우연히 발견되었습니다. 그 발견은 소행성대에 주둔한 도메인 원정대 소속 장교 한 사람이 주기적 지구 정찰 임무를 맡고 오스트리아 대공의 몸을 '인계' 받았을 때 일어났습니다.

　인간의 몸을 '인계' 받는 것은 현재 지구에 일어나는 사건들에 대한 정보 수집을 위해 인간 사회에 잠입하기 위한 위장 목적입니다. 대공의 몸에 거주하는 존재보다 이즈비로서 이 장교가 훨씬 더 강력했기 때문에 대공의 몸에서 그 존재를 간단히 '밀어내고' 그 육체를 통제하게 되었지만 이 장교는 그 나라에서 합스부르크 왕가가 적대적인 당파에게 얼마나 많은 증오를 받고 있는지 몰랐습니다. 그래서 대공의 몸이 보스니아 학생에게 저격 당했을 때 그는 허를 찔려 방향 감각을 잃어버린 부주의한 상태에서 의도하지 않은 '기억 삭제 전자 스크린(amnesia force screen)'

에 걸려 구제국에 생포되었습니다.

그 일로 도메인은 지구를 포함한 은하계 끝까지 그 안에 있는 모든 이즈비들을 통제하는 '전자 지배 장(electronic force field)'이 광범위한 우주 지역을 감시하고 있다는 사실을 발견하였습니다. 이 전자 지배 장은 이 지역 밖으로 나가는 것을 막고 그런 이즈비들을 찾아내기 위해 고안된 것이었습니다.

이즈비가 이 스크린을 뚫고 나가려고 하면 일종의 '전자 그물망(electronic net)'으로 그들을 생포합니다. 그렇게 생포된 이즈비는 이즈비의 기억을 모두 지우는 아주 혹독한 '세뇌 요법'을 거치게 됩니다. 이 요법은 지구에서 정신과 의사가 '환자'를 좀 더 '협조적'으로 만들기 위해 성격이나 기억을 지우는 '전기 충격 요법'을 사용하는 것과 마찬가지로 무시무시한 전기 충격을 사용합니다.

지구에서 사용하는 이 '전기 충격 요법'의 강도는 몇 백 볼트의 전기에 그치지만 구 제국이 이즈비들에게 사용하는 전기는 무려 수십억 볼트입니다! 이 가공할 전기 충격은 이즈비들의 기억을 깡그리 지워버리지요. 삭제하는 기억은 한 몸이나 한 생에 국한된 것이 아닙니다. 그 이즈비의 정체성은 물론이고 거의 무한에 가까운 과거의 축적된 경험 전부를 지우는 것입니다! 이 전기 충격은 이즈비들이 그들이 누구이고 어디에서 왔으며 그들의 지식과 기술, 과거의 기억들 그리고 영적 존재로서 기능할 수 있는 능력을 기억하는 자체가 불가능하도록 의도된 것입니다. 그들은 마음을 잃은 로봇 같은 비존재가 되도록 제압당하는 겁니다.

이러한 전기 충격이 가해진 후에는 일련의 최면 프로그램이 각 이즈비들에게 허위 기억과 허위 시간 감각을 심어줍니다. 이것은 육체가 죽음을 맞으면 기지로 '돌아오라'는 명령을 포함하고 있어 똑같은 전기 충격과 최면 요법은 영원히 무한 반복할 수 있게 되어 있습니다. 최면 요법에는 '환자'에게 기억하려고 하는 것을 모두 잊으라는 명령 역시 포함되어 있습니다.

도메인이 이 장교의 경험을 통해 알게 된 것은 구제국이 아주 오랫동안 -정확히 얼마나 오래인지는 모르나- 아마 수백 만 년 이상 지구를 그들의 '감옥 행성'으로 사용해 왔다는 사실입니다. 그래서 이즈비의 육체가 죽어 그 육체에서 분리되어 나오면 그들은 '전자 스크린'에 감지, 생포되어 최면요법으로 '빛으로 돌아가라'는 명령을 받습니다. '천국'이니 '저승'이니 하는 개념들은 구제국의 최면 요법의 일부-전체 구조적 장치에서 기만을 담당하는-입니다.

이즈비는 그들이 살아왔던 생에 대한 기억이 삭제되도록 전기 충격과 최면을 시술 받은 후에 마치 비밀 임무라도 수행하는 것처럼 즉시 지구로 되돌아가 새로운 육체로 살아가라는 '명령'을 받습니다. 각 이즈비는 자신이 지구에 존재할 특별한 목적을 지녔다는 말을 듣긴 하지만 감옥에 있어야 할 목적 같은 건 처음부터 없었습니다. 죄수들에게 그런 목적 같은 건 당연히 없지요.

지구에 수감된 바람직하지 못한 이즈비들을 구제국은 '불가촉 천민(역주: 不可觸 賤民, 인도의 신분제도인 카스트의 최하위 계급 수드라에도 속하지 못하는 가장 비천한 신분, 19세기 말까지 존속되었다)'으로 분류하였습니다. 여기에는 구제국이 갱생시키거나 복종시키기에는 너무 사악한 범죄자들 그리고 변태 성욕자와 같은 다른 종류의 범죄자들, 혹은 생산적인 작업 수행에 의지가 없는 자로 판명된 존재들도 포함되어 있습니다.

'불가촉 천민'에는 다양한 '정치범'도 포함되는데 '정치범'에는 구제국에 고분고분하지 않는 '자유사상가'나 구제국에 속하는 여러 행성 정부들을 상대로 문제를 일으키는 '개혁가'로 간주되는 이즈비들이 해당됩니다. 물론 구제국에 대항했던 병적(兵籍)이 있었던 이즈비 역시 지구로 보내졌습니다.

예술가, 화가, 가수, 음악가, 작가, 배우 그리고 모든 장르의 공연예술가들도 불가촉 천민에 포함됩니다. 이 때문에 지구에는 구제국에 속하는 다른 행성에 비해 예술가가 많은 편입니다. '불가촉 천민'에는 지식인들, 발명가들, 거의 모든 분야의 천재들 역시 포함됩니다. 구제국이 가치가 있고 필요하다고 보는 모든 것들이 지난 몇 조년 동안 모두 발명되고 창조되었기 때문에 더 이상 그런 존재들을 필요로 하지 않습니다. 숙련된 매니저들 역시 순종적이고 기계적인 사람들로 이루어진 사회에서는 필요치 않다고 간주되어 이들에 포함됩니다.

구제국의 계급 제도 내 납세 노동자들 중에서 어리석은 정치, 경제, 종교적 예속을 거부하거나 불복하는 자들도 '불가촉 천민'으로 분류되어 기억 삭제 요법을 받고 지구에 영원히 수감될 것을 선고 받습니다.

전자 그물망에 걸리면 이즈비는 자신이 누구이고 어디에서 왔고 어디에 있는지 기억해 낼 수 없기 때문에 아예 탈출이 불가능합니다. 그들은 다른 누군가로 다른 무엇인가로 전혀 다른 시간에 전혀 다른 어떤 곳에 있다고 생각하도록 최면에 걸려 있습니다.

오스트리아 대공의 몸에 있는 동안 암살당한 도메인 장교 역시 구제국에 생포되었는데 그는 다른 이즈비들과 달리 중책을 맡은 이즈비였기 때문에 화성의 구제국 비밀 지하기지로 보내졌습니다. 구제국은 그를 특별 전자 감옥에 가두고 그를 그 곳에 붙잡아 두었습니다.

다행히도 이 도메인 장교는 감금된 지 27년이 지나 비밀 지하기지를 탈출할 수 있었습니다. 구제국 기지를 탈출해 그는 즉시 소행성대에 있는 자신의 본부로 귀환하였습니다. 그의 지휘관은 이 장교가 제공한 좌표 지점으로 전함을 급파해 기지를 완전히 괴멸시켰습니다. 이 구제국의 비밀 지하기지는 시도니아(Cydonia)계 화성의 적도에서 수 백 마일 북쪽에 있었습니다.

구제국의 군사 기지가 파괴되었지만 안타깝게도 비밀기지와 다른 미지의 장소에서 이즈비들을 가두는 거대한 전자 스크린, 전기 충격/ 기억 삭제/ 최면 요법을 시술하는 많은 장치들은 현재에도 여전히 작동되고 있습니다. 이러한 '마인드 컨트롤 감옥'의 작동을 담당하는 본부나 통제 센터를 발견하지 못해 이 기지(혹은 다수의 기지들)가 지구에 미치는 영향력은 여전히 유효합니다.

도메인은 구제국 군대가 격파됨으로 인해 이 지역 은하계와 근방의 다른 은하계들 모두가 그들의 '불가촉 천민'에 해당하는 이즈비들을 지구로 쫓아내는 일을 적극적으로 막을 수 있는 행성적 시스템 자체가 남아 있지 않자, 지구가 우주 전 지역의 쓰레기 처리장이 되고 말았다는 사실을 주시했습니다.

이것은 지구의 이즈비들 사이에 인종, 문화, 언어, 도덕적 코드, 종교, 정치적 영향력들이 아주 특이하게 혼합되어 있는 점을 부분적으로 설명해 줍니다. 지구상의 이질적 사회, 그 수와 다양성은 정상적인 행성에서는 찾아볼 수 없는 아주 특이한 현상입니다. 대부분의 'Sun Type 12,

Class 7' 행성들에는 휴머노이드 육체나 인종이(만약 있다면) 한 종류 밖에 살지 않습니다.

또한 지구의 고대 문명 대부분과 지구상에 일어난 많은 사건들은 숨겨진 구제국 기지의 최면 요법 작동에 깊이 영향을 받았습니다. 이러한 전자 스크린과 덫들이 아주 철저하게 보호되고 있기 때문에 지금까지 아무도 이러한 전자 스크린과 덫들을 누가 어디서 어떻게 작동시키고 있는지 정확히 밝혀내지 못했습니다.

더군다나 은하계 구석에 자리 잡은 여기 이 지구에 이즈비를 감지하는 전자 스크린을 만들어낸 전자 장치의 오래되고 방대한 네트워크를 조사하고 찾아내 파괴하려는 어떠한 노력도 일어나지 않고 있는 실정입니다. 이러한 노력이 있기 전까지는 구제국이 전기 충격, 최면, 원격 조종이란 방법으로 감옥 행성 지구의 이즈비를 통제하는 것을 방해하거나 차단하는 것이 우리로선 불가능합니다.

물론 도메인 원정대 전 대원이 이 태양계에서 활동하고 있는 동안 내내 구제국의 덫에 걸려 감지되거나 생포되는 일이 없도록 현 상황에 대한 경계를 게을리하지 않고 있습니다.

Chapter 9.
근대사 수업

근대사 수업

마틸다 오도넬 맥엘로이 여사의 개인적인 메모

이 인터뷰는 지구 교과서 어디서도 찾아 볼 수 없는 역사에 대해 알려 주었습니다. 지구 역사에 대한 도메인의 관점은 우리와는 판이하게 달랐습니다.

공식 인터뷰 필기본

극비 사항
미 공군 공식 필기본
로스웰 공군 기지 509 포격 사단

주제: 외계인 인터뷰 1947년 7월 26일 1차 세션

도메인 원정대는 이 곳 태양계에 잔재해 있던 구제국의 함대들이 괴멸된 서기 1150년 이후 서양의 과학과 문화가 소생하는 것을 지켜 보았습니다. 이후 원격 조종, 최면 요법의 영향력이 얼마간 줄긴 했으나 여전히 지구 전체에 큰 영향력을 행사하고 있습니다.

외관상으로는 구제국의 원격 마인드 컨트롤 시스템에 가해진 약간의 타격이 시스템의 약화를 불렀습니다. 그 결과 이즈비들이 지구에 오기 전에 이미 알고 있었던 과학 기술에 대한 지식들을 조금씩 기억하기 시작했습니다. 그리하여 유럽의 '암흑 시대'라 불리는 지식에 대한 박해가 그 이후 서서히 줄어들기 시작한 것입니다. 당시 물리학의 기본 법칙과 전기에 대한 지식의 발견은 하룻밤에 일으킨 혁명과 진배없었습니다. 서기 1150년 이전에 가해졌던 심한 억압이 줄어들자 지구 이즈비들 내 많은 천재들은 과학 기술을 기억해 내기 시작했는데, 아이작 뉴턴 경이 그 좋은 사례 중 하나이지요. 그는 단 몇 십 년 만에 과학과 수학 분야의 주요하고 근본적인 법칙들을 단독으로 확립해냈습니다.

이러한 과학적 지식을 '기억해낸' 사람들은 그들이 지구에 보내지기 전에 이미 그 지식을 알고 있었습니다. 통상 한 생에는 물론 몇 백 생 동안에도 그 많은 수학적 혹은 과학적 개념들을 깨닫거나 발견해낼 수는 없습니다. 이러한 개념들을 창조하는 데에는 수 조개에 이르는 문명과 수 조년이라는 시간을 요합니다.

지구 이즈비들은 우주 전역에 존재하는 모든 과학 기술의 파편 정도만 기억하기 시작한 것뿐입니다. 지구에 가해지고 있는 기억 삭제 프로그램이 완전히 무너진다면 이론적으로 이즈비들은 그들의 기억을 전부 회복할 수 있습니다.

하지만 지구 이즈비들이 지속적으로 서로를 아주 사악하고 부정적으로 상대함에 따라 인간 사회에서 이와 유사한 발전이 일어나지 않았습니다. 이러한 현상 역시 이즈비의 생과 다른 생 사이에 가해지는 '최면적 명령'이 깊이 관여하고 있습니다.

그리고 범죄자, 변태 성욕자, 예술가, 혁명가 그리고 천재들, 지구에 갇힌 '수감자들'의 이러한 아주 독특한 조합은 통제 불능의 무질서한 환경에 기인합니다. 감옥 행성의 목적은 이즈비들을 영원히 지구에 가두기 위한 것입니다. 그래서 무지와 미신을 조장하고 이즈비 간에 전쟁을 촉발시켜 전자 스크린 뒤 '벽' 너머 수감된 지구 이즈비들을 덫 속에서 지속적인 불구 상태를 계속 유지하도록 돕습니다. 은하계 전 지역과 인근 은하계들 그리고 시리우스, 알데바론, 플레이아데스, 오리온, 드라코니스와 같은 구제국에 속했던 행성계 혹은 수많은 다른 행성들이 이즈비들을 지구에 버리고 있습니다. 지구에는 알 수 없는 종족들, 문명들, 문화적 배경, 행성적 환경에서 온 이즈비들도 있습니다. 다양한 이즈비 인구는 각각 그들만의 언어와 믿음 체계, 도덕적 가치, 종교적 신앙, 교육 그리고 알려지지 않은 숨겨진 역사들을 가지고 있습니다.

이들 이즈비들은 아틀란타와 레무리아 문명을 건설하기 위해 400,000년보다 더 오래 전에 다른 항성계에서 온 지구 거주자들과 섞여버렸습니다. 아틀란타와 레무리아 문명은 현재의 '수감' 이즈비들이 도착하기 수 천년 전에 지구의 '극 이동'으로 인한 쓰나미로 모두 사라졌습니다. 아무래도 이 사라진 문명의 건설자들이 왔던 항성계의 이즈비들이 바로 호주에서 시작된 동양 종족들의 원형인 듯합니다.

반면 구제국의 감옥 시스템으로 이룬 지구 문명은 구제국 본래의 문명과는 확연히 다릅니다. 구제국 본래의 문명은 전자 우주 오페라로, 핵무기에 의해 정복당해 다른 은하계에서 온 이즈비들의 식민지가 되었던 초기 문명의, 원자력을 동력으로 하는 복합체제입니다.

과거 구제국을 통치했던 관료 체계는 고대 우주 오페라 사회에 유래한 것으로, 황제를 그들의 우두머리로 하여 무자비한 사회 경제 정치적 계급제도로 규제하는 각 행성 정부들의 전체주의적 연방 정권에 의해 운영되었습니다.

이러한 정부 형태는 시민들이 자치와 자기 규제에 관한 개인적인 책임을 유기하는 행성들에서 어김없이 나타납니다. 그들은 빈번히 모든 다른 이즈비들은 통제하고 파괴해야 하는, 그들의 적으로 간주하는 편집증에 사로잡혀 고통 받는 미친 이즈비들에게 그들의 자유를 빼앗깁니다. 그들이 사랑해주고 돌보기로 한 그들의 아주 친한 친구나 동맹자들은 말 그대로 그들에게 '죽도록' 사랑 받습니다.

그러한 이즈비들의 존재로 인해 도메인은 자유를 지키고 방어할 수 있는 무력을 갖추고 끝없는 경계태세를 유지하여 자유를 쟁취하고 지켜야 한다는 것을 배웠습니다. 그 결과 도메인은 구제국이 지배하는 행성을 이미 정복했습니다. 비록 구제국의 문명에 비해 역사가 짧고 규모가 작지만 도메인 문명은 구제국의 역사에서는 찾아 볼 수 없는 평등주의적 단결의식으로 묶여 더 강력하고 더 조직적입니다.

구제국의 문명은 최근 지구에서 볼 수 있었던 파괴적인 독일 전체주의 국가와 비슷하지만 그 힘과 무자비함은 독일 전체주의 국가의 몇 만

배라 할 수 있습니다. 이러한 전체주의 국가에 난폭하게 대항했거나 구제국 정부조차도 통제할 수 없을 만큼 병적으로 악랄했기 때문에 지구로 쫓겨난 이즈비들 또한 많습니다.

그렇기 때문에 지구에는 그러한 존재들이 균형에 맞지 않게 높은 비율을 차지하고 있어 지구상에 이즈비간의 문화적 윤리적 충돌은 극단적으로 이례적인 양상을 보입니다.

도메인은 전자 대포로 싸워 구제국의 주요 행성을 정복했습니다. 구제국 정부의 핵심 역할을 하는 행성의 국민들은 추악하고 타락한 노예 사회에서 일상적으로 만행을 저지르는(카니발리즘을 즐기는) 무자비한 납세 노동자들입니다. 로마 시대의 서커스와 같은 유혈 낭자하고 난폭한 자동차 경주가 그들의 유일한 오락입니다.

구제국의 행성들을 정복하기 위해 원자력 무기를 사용하는데 우리가 확보한 합리적 정당성에 상관없이 도메인은 방사능 무기의 사용으로 인해 그들 행성의 자원이 파괴되지 않도록 신중을 기했습니다.

도메인에 의해 몰락 당하기 전 구제국정권은 아주 비열한 지성을 소유한 존재들로 구성되어 있었는데 최근 지구에 일어났던 세계 대전의 주축을 이뤘던 존재들과 매우 흡사했습니다. 그 세계 대전의 주축을 이뤘던 존재들은 그들을 추방하여 지구에 영원히 감금한 은하 정부와 똑같은 행위를 정확히 재연했습니다. 그들은 세월이 가도 변하지 않는 격언을 소름 끼치도록 정확히 몸소 보여준 것입니다. 이즈비들은 자주 그들이 타인에게 받았던 취급을 분명하게 다시 재연합니다. 친절은 친절을 낳고 악행은 악행을 낳는다는 말이 있습니다. 무력은 지식과 함께 사용해야만이 무고한 존재가 다치지 않습니다. 그러한 잔인성에서 나오는 악의에 굴하지 않고 잔인성을 효과적으로 예방하려면 아주 놀라운 이해 능력과 함께 용기, 그에 요구되는 자기 단련이 꼭 필요합니다.

오로지 자기 잇속만 차리는 악랄한 정부가 예술가들, 천재들, 전문 경영인, 발명가들을 전부 죽여서 기억을 영원히 지우고, 은하계 전역에서 온 정치범, 살인자들, 도둑들, 변태 성욕자들, 금치산자들이 들끓는 지구 감옥으로 그들을 던져 버린다는 '궁극적인 해결책'을 착상해낼 때 그들은 '논리'와 '과학'을 기용했습니다.

구제국에서 추방당해 지구에 도착하면 이즈비들은 기억 삭제 요법과 최면 요법으로 그들에게 일어났던 일과는 다른 생각과 기억을 주입 당하게 됩니다. 그리고 지구에서 살아갈 수 있도록 생물학적 육체에 이식되는 것이 그 다음 단계입니다. 그 육체들은 구제국과는 판이하게 달라 보이도록 이즈비들의 마음에 설계되고 저장된 '거짓 문명'의 인류를 구성하게 됩니다.

인도, 이집트, 바빌론, 그리스, 로마 그리고 중세 유럽에 살았던 모든 이즈비들은, 수 조년을 우주의 전 지역 구석구석까지 뻗어나갔던 'Sun Type 12, Class 7' 행성 문명과 유사하고 많은 초기 문명 건설에 참여했던 이즈비들이 발전시킨 표준 양식을 바탕으로 한 사회의 문화적 요소들을 모방하고 건설하도록 유도되었습니다.

지구 감옥으로 온 최초의 이즈비들은 인도에 살았습니다. 그들은 점차 메소포타미아, 이집트, 중앙 아메리카, 아카이아, 그리스, 로마, 중세 유럽 그리고 새로운 세계로 퍼져 나갔습니다. 그들은 특정 문명의 양식을 따르라는 구제국 관리자들의 최면 요법상의 명령을 받았던 것입니다. 이는 지구에 수감된 이즈비들이 실제 시간과 위치를 알지 못하도록 하는데 아주 탁월한 장치입니다. 거짓 문명들의 언어, 관습, 문화는 지구에 수감된 이즈비들에게 그들이 쫓겨났던 구제국 원래 모습을 전혀 상기시키지 않기 때문에 그들의 기억 상실 증상이 더욱 강화되도록 의도된 것입니다.

아주 오랜 시간을 들여 이룩한 이러한 문명들은 그 문명들을 창조한 이즈비들이 특정 양식과 스타일에 익숙해지고 또 거기에 정체되어 버리기 때문에 그 양식과 스타일을 계속 되풀이하려는 경향이 있습니다. 문화, 건축양식, 언어, 관습, 수학, 도덕적 가치 등등 이러한 요소들을 고루 갖춘 하나의 완전한 문명을 완성하는 데에는 많은 노력이 필요합니다. 그래서 그들은 쉽다는 이유로 이미 익숙하고 성공적이었던 양식을 모방하여 반복하려고 합니다.

'Sun Type 12, Class 7' 행성은 탄소-산소를 기반으로 하는 생명체들이 사는 행성을 지칭하는 말입니다. 행성은 그 크기, 항성이 방사하는 빛의 강도, 항성에서 행성 궤도까지의 거리 그리고 밀도, 중력, 행성의 화학적 구성에 따라 분류합니다. 식물군과 동물군 역시 서식하는 행성의 종류와 항성 타입에 따라 식별하고 명명합니다. 일반적으로 물질 우주에서 호흡할 수 있는 대기를 가진 행성의 비율은 비교적 낮습니다. 대부분의 행성은 대기의 화학적 구성이 식물과 다른 유기체에게 영양분을 공급하고 그 생명체가 다시 다른 생명체의 먹이가 되는 지구에서처럼, 생명체를 '먹여 살릴' 대기를 가지고 있지 않습니다.

8200년 전 도메인이 히말라야 지역에 처음 베다 찬가를 가져 왔던 그때 이미 그 곳에는 인간 사회가 여럿 존재했습니다. 아리안 민족이 인도를 침략, 정복하는 과정에서 베다 찬가는 인도로 전파되었습니다.

베다가 활자화 되기 전 7000년 동안 베다는 사람들에 의해 읽혀지고 암송되고 구전되어 왔습니다. 그러는 동안 도메인 원정대 소속 한 장교가 '비슈누'로 지구에 환생했습니다. 리그 베다에 그에 관한 이야기가 많이 나오는데, 힌두인은 지금도 여전히 그를 신으로 숭배합니다. 비슈누는 구제국을 상대로 한 종교 전쟁들을 일으켰습니다. 그는 높은 직위에 걸맞게 매우 능력 있고 적극적인 이즈비로서 이후 도메인의 다른 새로운 임무를 수행하고 있습니다.

비슈누에 얽힌 이 모든 이야기들은 구제국 정권이 세운 이집트 신전에 대항하고 공격하기 위해 연출된 것입니다. 이는 도메인이 인간들을 지배하는 성직자들이 많은 신들과 미신적인 숭배 의식에 주의를 집중하게 만드는 거짓 문명, 그 곳에 심어 놓은 기억 상실 인자(因子)로부터 인류를 해방시키기 위해 의도된 대립이었습니다. 거짓 문명은 구제국이 자신들이 지구 이즈비들에게 저지른 범죄 행위를 감추기 위해 설정한 정신적 조작 행위였지요.

개인은 불멸의 영적 존재가 아니라 그저 생물학적 육체에 불과하다는 생각을 강화시키는 데 사제나 간수들을 이용했습니다. 개인은 고유한 주체성이 없고 전생은 있지도 않다, 개인은 힘이 없다, 오직 신만이 힘을 가지고 있다! 신들은 인간과 그들이 섬기는 신 사이에서 중재역할을 하는 사제의 발명품입니다. 인간들은 복종하지 않으면 영원한 영적 형벌을 받을 것이라고 협박하는 사제들이 시키는 대로 따르는 노예들이었습니다.

모든 수감자들이 기억을 잃어버렸고 사제들조차도 수감자들인 이 감옥 행성에서 도대체 기대할 수 있는 것이 뭐가 있겠습니까? 구제국의 비밀 마인드 컨트롤 시스템이 여전히 작동이 계속되고 있어 지구에 대한 도메인의 개입은 완전히 성공하지 못했습니다.

종교적으로 정복하기 위해 도메인과 구제국 군대 간에 전투가 촉발되었습니다. BC 1500년에서 1200년 사이에 도메인은 지구에서 영향력 있는 몇 명의 이즈비들에게 개인과 불멸의 영적 존재에 관한 개념을 가르치고자 시도했습니다.

그러한 시도는 도메인이 가르치고자 했던 개념에 대한 아주 비극적인 오해와 오역, 오용의 결과를 낳았습니다. 그 개념은 모두가 이즈비라는 진실 대신 오직 한 이즈비만이 존재한다는 의미로 왜곡되어 버렸습니다. 이는 엄청난 몰이해이며 자신이 가진 힘에 대한 책임을 지지 않겠다는 선언임이 명백합니다.

구제국의 사제들은 누구도 이즈비가 아니다, 또한 결코 이즈비가 되지 못한다, 전지 전능한 이즈비는 오직 하나다라는 생각을 뿌리내리게 하여 개인의 불멸성의 의미를 왜곡, 타락시켰습니다. 이는 명백한 구제국의 기억 삭제 프로그램이 낳은 결과입니다.

자신의 삶에 책임지려 하지 않는 존재들에게 이 변형된 개념을 가르치는 것은 아주 쉬운 일이었습니다. 노예들이 그렇습니다. 자신이 한 창조와 자신의 생존 그리고 자신의 생각과 행동에 대해 져야 할 의무에 대한 책임을 외부로 돌리기를 스스로 선택하는 한, 그는 노예입니다.

이렇게 유일신이라는 개념이 생기고 이는 유대인 노예들의 지도자였던 모세-파라오 아멘호테프(Amenhotep) 3세와 그의 아들 부부 아크나톤(Akhenaten)과 네페르티티(Nefertiti) 그리고 손자 투탕카멘(Tutankhamen), 이러한 가계를 가진-와 같은 자칭 선지자들에 의해 확산되었습니다.

자신들이 이즈비라는 진실을 지구의 특정 이즈비들에게 가르치려 했던 시도는 이집트에서 아문(Amun)의 사제로 알려진 '서펀트 형제단'이라는 구제국의 비밀 종교집단이 만들어낸 허구적이고 은유적이며 의인화된 신들을 몰락시키려는 계획의 일부였습니다. 그들은 구제국의 아주 오래된 비밀 조직이었습니다.

파라오 아크나톤은 그다지 총명하지 않았고 자기 우월감을 충족시킬 사적인 욕망에 휘둘리는 그런 존재였습니다. 그는 모든 인간이 영적 존재라는 개념을 변형시켜 유일신인 태양신 아톤(Aten)에 적용해 구체화하였습니다. 파라오 아크나톤은 구제국세력의 지배권을 대리하는 아문 혹은 아멘(Amen)-기독교인들이 아직도 사용하고 있는-의 사제 마야와 파라네페르에 의해 암살당해 그 비열한 삶은 일찍 막을 내렸습니다.

히브리 지도자 모세가 이집트에 있는 동안 유일신 사상은 그에 의해 영속하게 되었습니다. 그는 그를 따르는 유대인 노예들과 함께 이집트를 떠났습니다. 그들이 사막을 건널 때 시나이산 근처에서 모세는 한 구제국 정보요원을 만나 저지당하고 그 때 모세는 구제국이 이즈비들을 가두기 위해 일상적으로 사용하는 기술적이고 심미적인 속임수와 최면적 명령에 속아 그 정보요원을 '유일신'이라고 믿게 됩니다. 모세의 말이라면 무조건적으로 믿는 유대인 노예들은 그렇게 하여 '야훼(Yaweh)'라고 부르는 그들의 유일신을 숭배하게 되었습니다.

'야훼'라는 이름은 '알려지지 않은'이란 뜻인데 이는 모세에게 최면을 건 이즈비가 자신의 신원이나 기억 삭제 프로그램, 감옥 시스템에 얽힌 비밀이 밝혀질 가능성이 있는 실제 이름이나 그 어떤 것도 사용할 수 없었기 때문에 붙여진 것이었습니다. 기억 삭제 프로그램, 최면 프로그램, 감옥 시스템의 목적이 지구 이즈비들에게 알려지는 것은 그들이 사력을 다해 끝까지 막아내야 할 일입니다. 그들은 그것이 알려지면 지구 이즈비들의 기억이 다시 살아날 거라 믿고 있기 때문입니다.

    이것이 외계문명 요원과 인간의 물리적 접촉의 모든 흔적을 철저히 숨기고 위장하고 무마하고 부인하고 엉뚱한 방향으로 오도하는 이유입니다.

    이 구제국 요원은 사막에 있는 산 꼭대기에서 모세를 만나 '십계명'을 그에게 전했습니다. 이 명령은 아주 강력하고 효과적인 말을 사용함으로써 명령하는 자의 뜻에 복종을 하지 않을 수 없도록 만들어졌습니다. 이 최면적 명령인 십계명은 수 천 년이 지난 지금까지도 여전히 유효하며 수백만 명의 이즈비들의 사고 방식에 아직도 영향을 미치고 있습니다.

    그런데 '야훼'라고 불리는 그 요원이 유대교 율법 원문을 직접 쓰고 프로그램하여 암호화했는데, 그 율법서는 그대로 직접 읽거나 혹은 해독하거나 내용을 정리하기만 해도 암호 코드로 인해 그것을 읽는 사람들에게 훨씬 더 많은 거짓 정보를 제공하게 되어 있다는 사실을 우리는 나중에야 알게 되었습니다.

    베다 찬가는 결국 대부분의 동양 종교의 근본이 되었고 부처, 노자, 조로아스터 그리고 그 외 철학자들의 사상에 있어서 공통된 철학적 원천을 제공하였습니다. 이러한 철학자들이 펼친 교화의 영향력은 결과적으로 구제국 종교의 야만적인 우상 숭배를 대체하고, 친절과 자비의 진정한 기원이 되었습니다.

당신은 도메인이나 다른 우주 문명이 왜 지구를 방문하거나 자신들의 존재를 알리지 않는지 궁금해 했었지요. 지구에 착륙한다고요? 당신은 우리가 정신이 나갔거나 정신이 나가길 바라는 건가요? 지구는 통제 불능의 정신병적인 존재들이 사는 감옥 행성입니다. 그러니 지구의 대기를 통과하여 내려와 착륙하기까지에는 어떤 이즈비에게든 많은 용기가 필요한 일입니다. 그리고 8200년 전 히말라야에서 생포 당한 도메인 원정대 소속 대원들이 당한 그런 위험으로부터 전적으로 자유로운 이즈비는 아무도 없습니다.

지구 이즈비들이 앞으로 무엇을 할 것인지 아무도 모릅니다. 우리는 지금 이 시점에서 이 지역 주변 모든 우주 공간을 총괄 통제하는 데에 도메인의 자원을 투자할 계획이 없습니다. 투자는 도메인의 계획에 따라 너무 멀지 않은 미래-지구 시간으로 약 5000년 후-에 일어날 것으로 예상합니다. 현재로서는 다른 행성계나 은하계에서 기억 삭제 전자 스크린으로 이즈비들을 떨어뜨리는 형벌을 막지 않고 있는 실정이나 궁극적으로 이도 바뀌게 될 것입니다.

또한 지구는 본질적으로 상당히 불안정한 행성입니다. 무한 지속 가능한 문명이 정착하거나 영원히 안착할 곳으로는 부적합한 곳입니다. 이는 지구가 감옥 행성으로 이용되는 이유 중의 하나이기도 하지요. 단순하면서도 강력한 다음과 같은 여러 가지 이유 때문에 어느 누구도 지구에 살 것을 심각하게 고려하지 않습니다.

1) 지구는 대륙의 땅 덩어리가 지표면 아래에 있는 녹은 용암의 바다 위에 떠 있는 상태라 땅 덩어리는 계속해서 갈라지고 조각조각 부

서지고 표류하고 있다.

2) 지구 핵이 액체 상태기 때문에 행성 대부분이 화산의 성질을 갖고 있어 화산 폭발이나 지진이 일어나기 쉽다.

3) 행성의 자극(磁極)이 20000년의 주기로 격렬하게 이동한다. 이는 해일과 기후 변화를 불러 정도의 차이는 있더라도 행성의 대대적인 파괴의 원인이 된다.

4) 지구는 은하 중심과 주요 은하 문명에서 아주 멀리 떨어져 있다. 이러한 고립된 상태는 은하를 다닐 때 정거장이나 휴게소로 이용하는 것 이외에는 쓸모가 없다. 그런데 정거장이나 휴게소의 목적이라면 신경 쓸 만한 중력을 가지고 있지 않는 달이나 소행성이 훨씬 더 적합하다.

5) 지구는 무거운 금속 성분이 많은 토양과 두꺼운 대기층, 무거운 중력을 가진 행성이다. 이는 항해 목적으로는 상당히 불안정한 조건이다. 최첨단 우주선과 오랜 비행 경험을 가진 유능한 파일럿으로서의 내 전문성에도 불구하고 비행 사고로 여기 이 방에 내가 앉아 있다는 사실 자체가 이를 증명해 준다.

6) 도메인의 광활한 공간은 언급하지 않더라도 밀키 웨이 은하수 하나에 지구 같은(Sun Type 12, Class 7) 행성들이 대략 600억개가 있는데 이들은 앞으로 도메인의 영토가 될 것이다. 여기 지구에 자원을 투자해 즉각적인 이익을 얻지 못하는 상황에서 지구를 주기적으로 정찰하는 것 이상의 자원 투자는 사실상 어렵다.

7) 지구에 사는 대부분의 존재들은 자신이 이즈비라는 것을 모르고 그런 영들이 존재한다는 것도 모른다. 자신들이 이즈비라는 것을

깨달은 많은 존재가 있다손 치더라도 이즈비로서의 그들 자신들을 이해하는 데에는 많은 한계를 지니고 있다.

시간이 시작된 이래 이즈비들이 계속 전쟁을 하고 있는 것이 이렇게 된 이유 중의 하나입니다. 이러한 전쟁은 한 명의 이즈비나 이즈비 그룹 혹은 둘 다든 언제나 지배권을 확립하는 것이 목적이었습니다. 이즈비는 살해 당할 수 없기 때문에 목표는 생포하여 붙잡아두는 것인데 이렇게 생포하여 붙잡아두는 방법은 거의 무한정으로 다양합니다. 가장 기본이 되는 방법은 다양한 종류의 '덫'을 사용하는 것이지요.

이즈비를 잡는 덫은 약 64조 년 전에 구제국이 세운 것과 같은 많은 침략 국가들에 의해 만들어지고 설치되었습니다. 덫은 대개 공격 받는 이즈비들의 '영역'에 설치되었습니다. 보통 덫은 이즈비들의 관심과 주의를 끌기 위해 전자파로 만든 아름다운 모습을 하고 있습니다. 이즈비가 아름다운 건물, 아름다운 음악에 끌려 심미적인 파동이 일어나는 곳을 향해 다가가면 그 이즈비로부터 발산되는 에너지에 의해 덫이 작동됩니다.

가장 일반적으로 많이 사용하는 덫의 종류 중 하나가, 이즈비가 덫에 걸려 빠져 나오려고 하거나 덫에 공격을 시도할 때 그 때 발산되는 이즈비의 생각 에너지를 활용하는 구조를 가진 것입니다. 덫은 이즈비의 생각 에너지에 의해 작동되고 강화되기 때문에 이즈비가 덫에서 빠져 나오려고 발버둥칠수록 덫은 이즈비를 더 끌어 당겨 덫에 그들을 꼼짝 못하게 붙박아 버립니다.

이 물질 우주의 전체 역사를 보면, 이러한 방식으로 우주의 새로운 지역을 침략하여 정벌해 온 이즈비 사회들이 광대한 우주 공간을 이어받아 왔고 식민지화했다는 걸 알 수 있습니다. 지금까지 이러한 침략들은 항상 다음과 같은 공통된 요소를 가지고 있었습니다:

1) 보통 핵무기나 전자 무기 사용과 같은 무력으로 제압한다.
2) 전기 충격, 마약, 최면, 기억 삭제, 거짓 정보나 거짓 기억 이식과 같은 방법으로 침략한 곳의 이즈비들의 마음을 통제하여 그들을 예속시키고 노예화하려고 한다.
3) 천연 자원을 빼앗는다.
4) 점령지 주민들을 정치적으로 경제적으로 사회적으로 노예화한다.

이러한 행위는 지금도 진행 중에 있습니다. 모든 지구 이즈비들은 지금까지 침략자도 되어 봤고 침략 당한 자도 되어 이러한 행위를 한 번 혹은 그 이상 해보기도 당해보기도 한 경험을 가지고 있습니다. 따라서 이 우주에 '성자(聖者)'는 없습니다. 이즈비 중에 이러한 교전 상황을 면제 받거나 피할 수 있었던 자는 거의 없었습니다. 바로 지금 이 순간에도 지구 이즈비들은 여전히 이러한 행위의 피해자들입니다. 생과 생 사이에 이즈비에게 가해지는 기억 삭제 요법은 구제국 덫의 정교한 시스템 중에서 이즈비의 지구 탈출을 예방하기 위한 얼개 중 하나입니다.

이 기억 삭제 프로그램 관리는 불법과 변절의 성격을 띤 구제국 비밀 경찰대가 하는데, 이 구제국 비밀 경찰대는 구제국 정부나 도메인, 피해자들에게 발각되는 것을 막기 위해 프로그램 운영행위를 위장하는 거짓 도발 작전을 사용합니다. 이 거짓 도발 작전은 구제국 정부 소속 심리학자들이 개발한 마인드 컨트롤 프로그램들입니다.

지구는 '게토(역주: ghetto, 나치에 의한 유대인 강제 이주 지역)' 행성입니다. 이는 은하계 간에 일어난 '대학살(Holocaust)'의 결과입니다. 이즈비들은 다음과 같은 이유로 지구로 쫓겨났습니다.

1) 그들은 아무리 부패하고 타락한 문명도 그들을 문명의 일원으로 받아들일 수 없을 만큼 너무나 사악하고 다루기 힘든 정신 이상자들이라는 이유
2) 아니면 그들이 구제국이 공들여 건설하고 악랄하게 강화시켜 온 정치적 경제적 사회적 카스트 제도에 위협이 되는 혁명 분자들이라는 이유 때문이다. 생물학적 육체는 구제국의 카스트 제도에서 가장 낮은 계급의 존재를 가리키고 또 그렇게 특별히 고안된 것이다. 이즈비가 지구로 쫓겨나 생물학적 육체에 감금당하고 복종을 강요 당하는 것은 사실상 감옥 안의 육체라는 또 다른 감옥 속에 살고 있는 것이다.
3) 구제국은 '불가촉 천민'들로부터 영원히 자유를 빼앗기 위해 모든 이즈비들의 영원한 정체성, 기억, 능력들을 강제로 삭제한다. 이러한 '말살 정책(역주: The Final Solution, 나치 독일이 자행한 유대인의 계획적 말살)'은 구제국이 통제 관리하는 사이코패스 범죄자들이 착상하고 실행한 것이다.

제2차 세계 대전 당시 독일군이 '불가촉 천민'과 수용소 수감자들을 대량 학살한 사실이 최근 밝혀졌습니다. 나치 희생자들과 마찬가

지로 지구 이즈비들도 나치와 같은 구제국의 비열한 증오로 인해 부실한 생물학적 육체 안에서 영원히 영성을 박탈당한 채 노예로 살아가고 있습니다.

친절하고 창의적인 지구 수감자들은 구제국 간수들에게 조종당하는 살인자와 미치광이에게 끊임없이 고문당합니다. 쓸모 없는 피라미드시대부터 핵무기 대량살상의 시대에 이르기까지 지구에 존재한 소위 '문명'이라는 것은 천연자원의 막대한 낭비와 지식의 악용, 지구의 모든 이즈비들의 영적 본질에 대한 공공연한 억압으로 점철되어 왔습니다.

만약 도메인이 '지옥'을 찾으러 우주 구석구석에 우주선을 보낸다면 그들이 찾은 지옥은 지구가 될 것입니다. 한 존재에게 그의 본질인 영적 자각과 정체성과 능력, 기억을 깡그리 지우는 것보다 더 잔인한 일이 또 있을까요?

도메인은 아직 원정대 병력 3000명의 이즈비들 누구도 구조할 수 없는 상태입니다. 그들은 강제로 지구에서 생물학적 육체를 입고 살아가고 있습니다. 우리는 지난 8000년 동안 그들 대부분을 추적하여 찾을 수 있었습니다. 하지만 그들이 자신들의 진정한 정체성을 기억해내지 못해, 소통하고자 했던 우리의 시도는 번번이 실패로 돌아갔습니다.

실종된 도메인 원정대 대원들 대부분은 서양 문명의 일반적인 흐름을 따라 인도에서 중동, 그리고 칼데아로 바빌로니아로 이집트로 그리고 아카이아, 그리스, 로마를 지나 유럽으로 가 서반구를 돌아 전 세계로 퍼져 나갔습니다.

실종된 원정대 대원들과 많은 지구 이즈비들은 잔인한 범죄자나 변태 성욕자들이 없는 도메인에서 귀한 시민으로 살 수 있었습니다. 안타깝게도 이런 이즈비들을 지구에서 해방시킬 수 있는 효과적인 방법을 찾지 못하고 있습니다.

따라서 도메인의 공식적인 방침뿐만 아니라 상식적으로 따져 보아도 구제국의 전자 스크린과 기억 삭제 프로그램 본부를 찾아내 파괴하고 또 각 이즈비들의 기억을 복구할 치료법을 개발하는데 적절한 자원을 할당할 수 있을 때까지는 지구 이즈비들과의 접촉을 피하는 것이 더 안전하고 분별 있는 처신일 것입니다.

Chapter 10.
사건 연대기

사건 연대기

마틸다 오도넬 맥엘로이 여사의 개인적인 메모

이번 인터뷰에서는 날짜와 이름들이 너무 많이 나와, 받아 적지 않고서는 기억할 수 없어서 일일이 노트에 적으면서 인터뷰를 진행했습니다. 지금까지의 인터뷰는 대부분 기록하지 않았지만 이번 수업에서 에어럴이 주는 정보들은 정확하게 받아 적는 것이 중요하다는 생각이 들었습니다. 하지만 받아 적으면서 듣자니 그녀가 하는 말에 집중하기가 더욱 더 힘들었습니다. 나는 적다가 그녀의 생각의 흐름을 놓쳐 몇 번이나 다시 말해달라고 해야 했습니다.

에어럴은 수업 내내 정보를 보내 주는 소행성대 우주 통제부의 통신 장교와의 소통을 계속 이어갔습니다. 에어럴이 역사학자가 아니라 도메인의 장교이면서 파일럿, 엔지니어였기 때문에 그녀는 도메인 원정대의 다른 장교들이 정찰 임무 중 수집한 기록에서 정보를 확보해야 했습니다.

공식 인터뷰 필기본

극비 사항
미 공군 공식 필기본
로스웰 공군기지 509 포격 사단
주제: 외계인 인터뷰 1947년 7월 27일 1차 세션

지구의 실제 역사는 매우 이상합니다. 누구든 연구를 해보면 이것이 얼마나 믿기 어려울 정도로 터무니 없다는 것을 알게 될 것입니다. 무수히 많은 핵심 정보들은 빠트린 채 그 자리에 불합리한 신화와 유적들의 거대한 집성체를 제멋대로 끼워 넣은 것입니다. 또한 지구 자체의 불안정한 성질은 주기적으로 역사와 관련한 물리적 증거들을 뒤집어 엎고 물에 잠기게 하고 섞거나 조각 내어 버렸지요.

이러한 원인들은 기억 상실, 최면 후 암시, 거짓 무대, 은밀한 조작과 함께 사실에 입각한 기원을 복원하거나 지구 문명의 역사 해독을 사실상 불가능하게 합니다. 아무리 명석한 연구자라도 불완전한 전제, 쓸모 없는 가설 그리고 영원한 미스터리의 늪에 빠지게 되어 있습니다.

지구 역사에 대해 도메인은 기억할 수 있다는 강점을 가지고 오랜 생을 살면서 지구 밖에서 객관적인 관점을 유지해 왔기 때문에 지구인들

이 겪는 이러한 문제로부터 자유롭습니다. 따라서 나는 지구 역사책에 언급되지 않은 사건과 날짜에 대해 알려줌으로써 지구 역사에 대한 당신들의 불완전한 지식을 명약관화하게 해명해 줄 수 있습니다. 언급될 날짜들은 구제국과 도메인이 지구에 끼친 영향들과 관련된 정보를 제공해 주기 때문에 많은 의미가 있습니다.

몇 백 년 동안 지구의 전반적인 배경에 관해 도메인 우주 비행단 대원의 브리핑을 몇 번 듣긴 했지만 나는 우리가 구제국 행성 본부를 점령했을 때 압수한 기록에서 수집한 데이터에 주로 의존할 것입니다. 도메인 원정대는 그 때부터 지구에 일어나는 사건들의 전반적인 진행과정을 계속 추적해 왔습니다.

앞에서 언급했듯이 도메인은 장기 확장 계획의 확고한 성공을 위해 지구에서 발생한 특정 사건에 개입할 것을 채택한 적이 몇 번 있었습니다. 도메인이 지구 행성 그 자체나 지구에 사는 이즈비들에게는 관심이 없다 하더라도 파괴되거나 손상되지 않은 지구 자원은 안전하게 지켜야 했기 때문에 도메인은 이따금 정보 수집 목적으로 장교들을 파견해 지구를 정찰하도록 했습니다.

다음에 나오는 사건과 날짜들은 도메인 데이터 파일에서 모은 정보-그게 안되면 적어도 우주 통제부 통신 센터를 통해 접근 가능한 정보들-로 추론한 것입니다.

기원전 208000년

구제국이 건국되었습니다. 구제국 본부는 이 은하계의 '북두칠성

(Big Dipper)'성좌 내 '꼬리 별(tail stars)'들 중 하나 근처에 자리잡았는데 그 지역은 건국 초기에 구제국 침략군이 핵무기로 점령했지요. 점령 후 방사능이 사라지고 이 지역이 깨끗하고 안정적으로 복구되자 이 은하계에 다른 은하계 존재들의 이주를 받았습니다. 이 이주민들은 이 지역의 점령자가 도메인으로 바뀐 10000년 전까지 계속 사회를 구성하며 이 곳에 살았습니다.

아주 최근에 지구가 구제국의 직접적인 통치권에서 벗어나면서 지구 문명이 구제국의 문명과 비슷한 모습을 보이기 시작했습니다. 특히 비행기, 기차, 선박, 소방차 그리고 자동차 같은 교통 수단의 외관과 기술은 물론 당신들이 '현대적'이니 '미래 지향적'이니 하는 건축양식들은 구제국 주요 도시에 있는 건물들의 디자인을 본뜬 것들입니다.

기원전 75000년 이전

도메인의 기록에 아틀란타와 레무리아 대륙에 건설된 문명에 대해서는 그 두 문명이 동시대에 공존했다는 기록 외에는 거의 정보가 남아 있지 않습니다. 확실히 그 두 문명은 정치적 종교적 박해를 피해 그들의 고향 행성계를 떠났던 전자 우주 오페라 문화의 잔여 세력이 건설한 것으로 보입니다.

도메인은 행성들이 인가 없이 다른 행성을 식민지화하는 것을 금지하는 칙령을 구제국이 오랫동안 유지해 온 것을 알기 때문에, 구제국 경찰과 군대가 지구를 식민화한 자들을 범죄자로 간주하고 파괴한 것이 그들 문명의 멸망으로 이어졌을 가능성이 있다고 봅니다. 이러한 추측이 그럴 듯해 보이기는 하지만 이 두 개의 전자 문명 전체가 어떻게 완전히 멸망해 흔적도 없이 사라졌는지에 대해 설명해 줄 수 있는 결정적인 단서는 아닙니다.

또 다른 가능성은 수마트라 토바호(湖) 지역과 자바의 크라카토아 산에 발생한 거대한 해저 화산 폭발입니다. 이 해저 화산 폭발로 인해 레무리아 대륙 전체는 물론 레무리아에서 가장 높은 산까지 홍수가 뒤덮어 레무리아가 완전히 멸망했을 가능성이지요. 살아 남은 레무리아 사람들이 현재 중국인들의 시조입니다. 지금의 호주와 북부 해안 지역이 레무리아 문명의 중심지였고 그들이 동양계 인종의 기원입니다. 두 문명은 전자, 비행 그리고 우주 오페라 문화와 비슷한 과학 기술을 보유했습니다.

화산 폭발로 엄청난 양의 용융 암석이 분출되었는데 이는 지구 지각 하부를 진공상태로 만들었고 그 결과 거대한 땅 덩어리가 대양 아래로 사라져버린 것입니다. 아틀란타와 레무리아 두 문명이 차지했던 이 대륙은, 지구 문화의 곳곳으로 퍼져나간 대홍수에 얽힌 전설들과 동양계 인종과 문화의 기원이 그 대륙의 생존자들이라는 사실만 남기고, 그나마 존재했던 아주 작은 단서들과 함께 화산 분출물에 뒤덮여 물 속으로 사라져 버린 것입니다.

이런 거대한 화산 폭발은 유독가스를 발생시키고 지구 전체로 퍼져 성층권을 덮습니다. 또 화산 폭발로 생기는 찌꺼기들은, 오랜 기간에 걸쳐 태양에서 나오는 방사선이 도로 우주로 편향되게 하고 대기를 오염시켜, '40일 밤낮'으로 비가 계속되고 지구 전체의 기온을 떨어뜨리는 원인이 됩니다. 이러한 재앙은 반드시 빙하기와 생명체의 멸종, 수 천 년간 지속되는 다양한 관련 변화들을 초래합니다.

이렇게 지구 특유의 무수한 형태의 대격변들-자연 발생적이고 행성 규모로 일어나는- 때문에 지구는 이즈비들이 정착하기에 부적합합니다. 게다가 7천만년 전 공룡이 멸종한 사건처럼 이따금 지구 이즈비들에 의해 일어나는 대격변들도 있습니다. 공룡 멸종 사건은 은하계 간에 일어난 교전 때문이었는데 교전 기간 동안 지구뿐만 아니라 달과 인접한 행성들이 원자 폭탄 세례를 받았습니다. 원자탄 폭발은 화산 폭발의 그것과 아주 유사한 후유증을 대기에 남깁니다. 은하계의 이 구역에 있는 대부분의 행성들이 그 때 이후로 거주 불가능한 사막이 되어버렸습니다.

지구는 그 외에도 많은 다른 이유로 바람직하지 않습니다. 몇 가지 예로 무거운 중력과 밀도 높은 대기, 다발적인 홍수, 지진, 화산, 극 이동, 대륙 이동, 유성 충돌, 대기와 기후의 변화들이 있습니다. 이런 환경에서 어떤 항구적인 문명이 그들의 세련된 문화를 발전시키려고 하겠습니까?

뿐만 아니라 지구는 은하계 '변방'의 작은 별입니다. 이는 은하계 중심을 향해 더욱 집중되어 있는 행성 문명들로부터 지구를 지정학적으로 매우 고립되게 만듭니다. 이런 뚜렷한 원인으로 인해 지구는 그저 동물원이나 식물원으로 혹은 현재처럼 감옥으로 이용하는 것 외에 별다른 쓸모가 없습니다.

기원전 30000년 이전

이 시기에 지구는 쓰레기장 혹은 범죄자나 비동조자를 의미하는 '불가촉 천민'으로 판명된 이즈비들을 수감하는 감옥으로 사용되기 시작했습니다. 다양한 지역에서 생포된 구제국의 이즈비들은 전자 덫에 싸여 지구로 수송됐습니다. 지하 '기억 삭제 통제부'는 화성을 비롯해 지구의 아프리카 르웬조리 산맥, 포르투갈 피레네 산맥, 몽고 대초원지대에 세워졌습니다.

전자 스크린을 창안한 이 전자 감시국은 이즈비들이 죽음을 맞아 몸을 떠날 때 이즈비들을 찾아내 생포할 수 있도록 전자 스크린을 고안했습니다. 그리고 이즈비들을 영원한 기억 상실 상태 속에서 지속적으로 지구의 인류로 살아가게 할 목적으로 강력한 전기 충격 요법으로 세뇌시킵니다. 장거리 전자 생각 제어 시스템은 더 많은 인구를 통제할 수 있도록 해 주었습니다.

이러한 기지들은 여전히 가동 중이며 도메인으로서도 그것들을 공격하거나 파괴하는 것은 극히 어려운 일입니다. 또한 도메인은 먼 훗날에도 이 지역에 중요한 군사 기지를 설치 유지할 예정이 없습니다.

피라미드 문명은 지구에 있는 이즈비 감옥 시스템의 일환으로 의도적으로 세워진 것입니다. 피라미드는 '지혜'의 상징으로 알려져 있습니다. 하지만 지구에서 구제국의 '지혜'는 MASS(물질), MEANING(의미), MYSTERY(비밀)로 구성된, 잘 만든 기억 삭제 프로그램을 작동시키는 데 필요한 것이었습니다. 불멸의 영적 존재는 물질도 의미도 가지고 있지 않을뿐더러 오히려 그것은 영적 존재에게는 상반되는 성질들인데 말이지요. 이즈비는 오직 자신이 존재한다고 생각하기 때문에 존재합니다.

물질(MASS)은 항성들, 행성들, 가스, 액체, 에너지 입자 그리고 찻잔 같은 사물들이 있는 물리적 우주를 표현하는 것입니다. 구제국이 창조한 모든 구조물처럼 피라미드는 아주 아주 딱딱한 물체입니다. 무겁고 크고 밀도 높고 딱딱한 물체들은 영원함에 대한 환상을 만들어냅니다. 아마포로 둘둘 싸고 송진에 적신 죽은 몸뚱이를 무늬를 새긴 황금 관에 넣고 생전에 썼던 그의 물건들을 불가해한 상징들과 함께 매장함으로써 영원한 생에 대한 환상을 만들어내는 것이지요. 허나 밀도 높고 무거운 물질 우주의 상징은 이즈비와 정확히 상반되는 것입니다. 이즈비에게는 물질도 시간도 없습니다. 사물은 영원하지 않습니다. 이즈비는 영원합니다.

거짓된 의미(MEANING)는 있는 그대로의 사실을 알지 못하게 만드는 것이지요. 지구의 피라미드는 날조된 환영입니다. 피라미드는 서펀트 형제단이라는 구제국 비밀 종교 집단이 꾸며낸 '거짓 문명'일뿐입니다. 지구 감옥 시스템에 수감된 자들의 기억 삭제 메커니즘을 더욱 강화하기 위해 거짓 사회의 환영을 창조하면서 고안해 낸 것이 그 거짓된 의미이지요.

비밀(MYSTERY)은 거짓말과 절반의 진실로 완성됩니다. 그들이 정확한 날짜, 장소, 사건이 이루는 사실을 바꾸기 때문에 거짓말은 그 생명을 유지합니다. 진상이 알려지면 거짓말은 더 이상 유지될 수 없습니다. 정확한 사실이 밝혀지면 더 이상 비밀은 없습니다.

지구상의 모든 피라미드 문명은 겹겹의 거짓말과 몇 안 되는 사실을 교묘하게 짜맞춰 공들여 만든 것입니다. 구제국 비밀 종교 집단 사제들이 복잡한 수학적 원리와 우주 오페라 문화의 기술적 지식, 그리고 드라마틱한 은유와 상징들을 잘 짜맞추었지요. 이 모든 것들은 심미(審美)와 비밀의 매력을 미끼로 삼은 진실의 위조로 완결되었습니다.

사건 연대기

난해한 종교의례, 천체의 정렬, 비밀 의식, 거대한 기념탑, 놀라운 건축양식, 예술적으로 그려진 상형문자, 인간-동물 '신들'은 지구의 이즈비 감옥 인구가 풀 수 없는 비밀을 만들기 위해 고안된 것입니다. 비밀은 이즈비가 생포되어 기억 삭제 요법을 받고 그들 고향으로부터 멀리 멀리 떨어져 있는 행성에 수감되었다는 사실에 관심을 두지 못하도록 주의를 딴 데로 돌리기 위한 것입니다.

지구에 사는 개개의 이즈비 모두가 다른 행성계에서 지구로 왔습니다. 그것이 사실입니다. 지구에 있는 어느 누구도 원주민이 아닙니다. 인간은 지구에서 진화하지 않았습니다.

과거 이집트는 육체적으로 영적으로 수감자들을 지속적으로 노예화하고, 부를 장악하며 교대로 파라오를 조종했던 감옥 행정관과 사제에 의해 돌아가는 사회였습니다. 현대의 사제들은 달라졌고 그들 역시 수감자들이지만 하는 일은 과거 이집트의 사제들과 똑같습니다.

비밀은 감옥의 벽을 더욱 두껍게 만듭니다. 구제국은 지구 이즈비들이 기억을 되찾을까봐 두려워합니다. 구제국 사제들의 주요한 임무는 지구 이즈비들이 그들이 진정 누구이고 어떻게 지구로 왔고 어디에서 왔는지 기억해내는 것을 막아내는 것입니다. 감옥 시스템을 운영하는 구제국의 관리자들과 그들의 상관들은 이즈비가 자신들을 살해한 자가 누구인지 포획해 모든 소유물을 뺏고 지구로 보낸 자가 누구인지 그리고 기억을 삭제시켜 영원히 수감상태로 살도록 선고 내린 자가 누구인지 기억해내는 것을 원하지 않습니다.

만약 감옥의 수감자 전부가 그들에게 자유로울 권리가 있다는 걸 갑자기 기억해낸다면 어떤 일이 벌어질 지 상상해 보십시오. 만약 수감자 자신들이 부당하게 갇혔다는 사실을 깨닫고 간수들에 대항해 들고 일어난다면 어떻게 될까요?

그들은 수감된 이즈비들이 그들의 고향 행성 문명과 비슷한 그 어떤 것에도 노출되는 것을 두려워합니다. 사용했던 육체, 옷가지들, 고향 행성의 상징, 우주선, 첨단 전자 기기 그 외 고향 행성 문명의 모든 흔적들은 그들의 존재를 상기시키고 기억이 되살아 나도록 할 수 있습니다.

구제국이 수 백 만년 이상 발전시켜온 노예화와 포획에 관한 복잡 정교한 기술들은 수감에 필요한 가짜 외관을 만드는 목적으로 지구 이즈비들에게 적용시켜 왔습니다. 이 가짜 외관은 지구 전체에 한 번에 모두 설치되었습니다. 모든 조각들은 감옥 시스템을 이루는 완전한 통합체의 부분부분들입니다

여기에는 애매모호하고 무의미한 주문을 외는 종교도 포함됩니다. 모든 피라미드 문명은 무지와 두려움과 무력으로 인류의 노예화를 지속시키기 위한 통제 방법으로 종교를 이용합니다. 부적절한 정보, 기하학적 디자인들, 수학적 계산과 천체의 정렬이 해독 불가능하게 뒤범벅된 것도 지구 이즈비들을 혼란스럽게 하고 방향감각을 잃어버리게 할 목의, 불멸의 영이 아닌 딱딱한 물질에 기반을 둔 날조된 영성의 한 부분입니다.

사람의 몸이 죽으면 사후에도 혼(soul) 혹은 카(역주: Ka, 고대 이집트인이 생각한 사람의 혼, 생사와 관련 없이 육체가 보존되는 한 살아있다고 생각했다)를 지키기 위해 죽은 몸을 아마포로 싸서 생전에 사용하던 물품들과 함께 매장했습니다. 이즈비는 혼을 '가지고 있는' 것이 아닙니다. 이즈비가 혼입니다.

이즈비의 고향행성에서는 존재가 죽거나 몸을 떠났을 때 자신의 물질적 재산을 잊지도 잃어버리지도 빼앗기지도 않습니다. 이즈비는 다시 돌아갈 수 있고 자신의 재산권을 되찾을 수 있습니다. 그러나 기억 삭제 시술을 받고 자신의 재산을 기억하지 못하면 정부나 보험회사, 은행, 친인척 그 외 파렴치한들이 죽은 자의 보복에 대한 두려움 없이 깔끔하게 재산을 가로챌 수 있습니다.

이러한 거짓 의미를 생산하는 이유는 단 하나, 이즈비는 영(spirit)이 아니라 하나의 물체라는 관념을 주입하기 위한 것입니다. 거짓말이고 덫이지요. 수많은 사람들이 이집트나 다른 여러 구제국 문명의 퍼즐 조각들을 끼워 맞추기 위해 한없이 시간을 소모시키고 있지만 그 조각들은 처음부터 맞출 수 없는 퍼즐입니다. 답은 질문 안에 있지요. 이집트와 여타 피라미드 문화들의 비밀(Mystery)은 과연 무엇인가? 그 답은 비밀(Mystery)이다!

기원전 15000년 경

구제국 세력은 칼라사사야 신전으로 알려져 있는 거대한 석조(石彫) 건물단지와 그 부속 '태양의 문(Gate of the Sun)'이 있는 해발 4000미터에 가까운 고지대 티아우아나코에서, 즉 현대의 볼리비아 티티카카 호수 근처 안데스 산맥에서 수력 채광 사업을 지휘 감독했습니다.

기원전 11600년

지구 지축이 바다 쪽으로 이동했습니다. 극지방의 만년설이 녹아 해수면이 상승하여 지구 대륙의 많은 부분들이 물에 잠기며 역사상 마지막 빙하기는 느닷없이 끝나버렸습니다. 이로 인해 최근까지 남아 있던 아틀란타와 레무리아의 유적들은 물 속으로 사라지게 됩니다. 또한 극 이동은 아메리카, 호주, 북극 지역의 동물들을 대대적으로 멸종시켰습니다.

기원전 10450년

기자의 대피라미드 건설은 구제국의 이즈비 토트(역주: Thoth, 고대 이집트신화에 나오는 지혜와 정의의 신)가 세운 계획이었습니다. 현재 기자에서 보이는 것과 마찬가지로 피라미드의 통풍 수갱(竪坑) 4군데는 정확히 구제국의 주요 항성들을 가리키고 있습니다. 지상에서의 기자 피라미드의 정렬은 기자부터 나일강에 이르는 하늘에서 보이는 오리온 성좌와 완벽하게 정렬됩니다. 이는 하늘의 은하수를 지상에 연출한 것이지요.

기원전 10400년

지구의 역사가 헤르도토스는 멸망한 아틀란티스 문명의 기록들, 전자 기술과 아틀란티스의 축적된 여러 기술들을 담고 있는 기록들이 스핑크스 발 밑 지하실에 묻혀 있다고 주장했습니다. 그 그리스 역사가는 이 말을 이집트의 도시 헬리오폴리스에서 자신의 친구들, 수메르의 신

아누를 모시는 사제들에게 들었다고 기록했습니다. 그런데 구제국 감옥 시스템의 관리자들이 이 전자 문명의 흔적들을 지구에 고스란히 남겨두도록 놔두었을 리는 만무하지요.

기원전 8212년

베다 경전이나 베다 송가는 여러 지구 사회에 널리 알려진 한 세트의 종교 찬가들입니다. 이 찬가들은 암기와 구전으로 자연스럽게 세대를 거듭하여 이어져 왔습니다. '새벽 아이를 위한 찬가(The Hymn to the Dawn Child)'는 창조-성장-보존-쇠퇴 그리고 죽음(혹은 우주에서의 에너지와 물질의 파멸)이라는 '물질 우주의 순환'의 개념이 담겨 있지요. 이러한 순환이 시간을 생산합니다. 찬가들에는 '진화 이론'을 설명하는 것도 있습니다. 이처럼 베다는 많은 영적 진실을 담고 있는 지식의 거대한 몸체입니다. 하지만 인간들은 이 경전의 가치를 제대로 평가하지 못했고 또한 감옥 행성으로부터 탈출할 수 있는 길을 밝힐 수 있는 지혜를 어느 누구도 활용하지 못하게 장치해 둔 위장된 폭탄 즉 사제들은 사실을 전도(轉倒)하고 거짓말로 개조하기 바빴습니다.

기원전 8050년

구제국 고향 행성 정부의 파괴. 이로써 은하계의 정치적 실체로서의 구제국은 종말을 고했습니다. 그러나 광대한 규모의 구제국을 도메인이 완전히 정복하기까지는 수 천 년의 세월이 걸릴 것이고 구제국의 정치 경제 문화적 시스템의 잔재는 앞으로 당분간 이 곳에 남아 있을 것입니다.

서기 1230년 마침내 도메인은 지구 태양계에 남아 있던 구제국 우주 함대의 잔존세력들을 완전히 소탕하였습니다. 지구에는 지구 감옥을 운영 관리해 오던 구제국의 기술자들뿐만 아니라 다른 구제국 출신의 존재들이 또 있었습니다. 바로 개인적 이익이나 여러 가지 흉악한 목적을 가지고 지구 자원을 착취하러 왔던 다양한 업자들, 장사꾼들, 광부들, 우주 강도들, 군 이탈자들입니다. 그런데 도메인 세력이 승리를 하고 지구가 구제국의 지배권에서 벗어나게 되자 이들을 통제할 경찰력도 사라지게 되었습니다.

예를 들자면 유대인들은 지구 역사 속에서 네피림을 언급하는데 창세기 제6장에서 그 기원에 대해 다음과 같이 묘사합니다.

"사람이 땅 위에 번성하기 시작할 때에 그들에게서 딸들이 나니, 하나님의 아들들이 사람의 딸들의 아름다움을 보고 자기들이 좋아하는 모든 여자를 아내로 삼는지라. 당시에 땅에는 네피림이 있었고 그 후에도 하나님의 아들들이 사람의 딸들에게로 들어와 자식을 낳았으니 그들은 용사라 고대에 명성이 있는 사람들이었더라."

구약성서라 불리는 역사책을 기록한 고대 유대인들은 노예나 목축하는 사람들 그리고 채집하여 사는 사람들이었습니다. 그러니 현대의 과학기술은 말할 필요도 없고 아주 단순한 회중전등만 접해도 눈이 휘둥그래지고 기적이라 여길 수 밖에 없었지요. 설명할 수 없는 현상이나 기술들은 모두 신의 역사(役事)라 믿었던 것입니다. 안타깝게도 이는 기억 삭제 시술을 받아 자신이 했던 경험, 훈련, 기술, 성격이나 정체성을 전혀 기억하지 못하는 모든 이즈비들에게 나타나는 보편적인 증상입니다.

이들이 남성들이었고 그들이 지구 여자들과 성관계를 했다면 분명히 그들은 '하느님의 아들들'이 아니었습니다. 그들은 구제국의 정치적 상황을 이용하거나 단지 성적 쾌락을 즐기기 위해 생물학적 육체로 살아가는 이즈비들이었습니다. 그들은 경찰이나 세무 당국의 눈을 피해 지구 한 구석에 자신들만의 식민지를 구성하였습니다.

재미있게도 구제국에서 이즈비가 저지를 수 있는 가장 심각한 범죄 중의 하나가 소득세법 위반입니다. 구제국에서 소득세는 노예제 유지장치 그리고 징벌의 도구로 사용되고 있습니다. 세금을 신고할 때 한 실수가 아무리 사소하고 경미해도 이즈비는 가차없이 '불가촉 천민'으로 추락하여 지구에 수감됩니다.

기원전 6750년

구제국이 세운 그 밖의 피라미드 문명은 바빌론, 이집트, 중국, 중앙아메리카에 있습니다. 메소포타미아 지역은 거짓 문명을 위해서 편의시설, 통신 센터, 우주 공항, 채석장을 제공했지요.

지구인들에게 자신들을 '신성한' 통치자라고 대변했던 구제국의 관리자들은 임무를 계속 승계해 왔는데 첫 번째로 관리자 임무를 수행했던 자에게 붙였던 이름이 프타(역주: Ptah, '건립자(建立者)'라는 뜻이며 고대 이집트의 주신(主神))였습니다.

'이집트'가 그리스어 'Het-Ka-Ptah' 즉 '프타의 영혼의 집'이란 의미를 가진 말의 와전된 형태라는 것을 안다면 프타의 영향력이 얼마나 컸었는지 이해했을 것입니다. 그는 건축 기술자였습니다. 별명은 '개발자'였지요. 그를 섬기는 제사장에게는 '위대한 공예 지도자'라는 타이틀이 주어졌습니다.

프타는 또 환생의 신이기도 했습니다. 장례식장에서 죽은 시체로부터 '혼(soul)을 풀어주기' 위해 사제들에 의해 행해졌던 '개구(開口) 의식'은 프타가 고안한 것입니다. 물론 '혼'이 풀려나가면 그들은 붙잡혀 기억 삭제 요법을 받고 지구로 다시 되돌려 보내졌지요.

지구에서 프타의 대를 이어갔던 소위 '신성한' 통치자들을, 이집트인들은 '보호자 내지 감시자'의 의미를 가진 'Ntr'라 불렀습니다. 그들의 심볼은 뱀(구렁이)이나 용인데 이는 '서펀트(serpent) 형제단'이라는 구제국의 비밀 사제 조직을 상징하기도 합니다.

구제국 기술자들은 신속하게 암석을 채굴하고 깎아 내기 위해 고압축 광파(光波) 절삭 공구를 사용했습니다. 그리고 각각의 무게가 수백 수천 톤에 이르는 암석 덩어리들을 들어올리고 수송하기 위해 포스 필드(역주: force fields, 힘의 장(場), 눈에 보이지 않는 힘이 작용하는 구역)와 우주선도 사용했습니다. 몇몇 이러한 구조물의 지상 배치가, 이 은하계 권역에 있는 다양한 항성들과 관련하여 살펴봤을 때 측지학(測地學)적으로 그리고 천문학적으로 얼마나 중요한 지를 알 수 있습니다.

대부분의 다른 행성들의 건축 수준에 비하면 건물들은 조악하고 서툴기 짝이 없습니다. 나는 도메인의 엔지니어로서 이 같은 날림 구조물은 도메인 행성에서는 절대 건축 심사를 통과하지 못한다고 장담할 수 있습니다. 피라미드 문명에서 사용된 그 같은 돌 블록들은 일부 중동의 채석장이나 그 밖의 곳에서 채굴된 것으로 보입니다.

대부분의 건조물들은, 거리 장면을 찍는 영화 세트장의 가짜 건물들(역주: 완전한 건물이 아니라 거리에서 보이는 앞면만 만들어진)처럼 급조된 '소품들'이었습니다. 그것들은 진짜처럼 용도도 있고 유용해 보이지만 사실상 아무런 가치도 없고 쓸모도 없습니다. 구제국이 세운 피라미드를 비롯한 모든 석조 기념 건조물들은 '미스터리 기념 건조물'이라 할 수 있습니다. 도대체 어떤 이유로 그렇게 많은 자원을 낭비하며 그렇게 많은 쓸모 없는 건조물들을 세웠을까요? 신비스러운 환영을 창조하기 위해서지요. 사건의 진상은 '신성한 통치자들' 모두가 구제국의 정보원으로 일하는 이즈비였다는 것입니다. 그들은 이즈비이긴 했지만 분명히 '신성'하지는 않았습니다.

기원전 6248년

거의 7500년이나 끌었던 도메인 우주 사령부와 태양계에 남아 있던 구제국의 잔존세력들과의 활발한 교전이 시작되었습니다. 교전은 3000명의 장교와 대원들로 구성된 도메인 원정대 대대가 히말라야 산맥에 기지를 세웠던 시기에 시작되었습니다. 도메인이 지구가 구제국에 의해 감옥으로 사용되고 있다는 사실을 미처 알아차리지 못했기 때문에 이 기지를 요새화하는 데 실패했습니다.

도메인 기지는 지구의 태양계에서 작전을 계속해 왔던 구제국 우주 부대의 공격을 받고 파괴되었습니다. 도메인 대대의 이즈비들은 붙잡혀 화성에 강제 수용되어 기억 삭제 시술을 받고 인간의 생물학적 육체로 살도록 다시 지구로 보내졌습니다. 그들은 아직도 지구에 살고 있습니다.

기원전 5965년

태양계에서의 도메인 부대 실종사태를 조사하면서 화성과 그 외 다른 행성에 있는 구제국의 기지를 발견하게 되었습니다. 도메인은 구제국 우주 부대에 맞서 방어 태세를 갖추기 위해 금성을 점령했습니다. 도메인 원정대는 황산 구름의, 밀도가 아주 높고 뜨거우며, 무거운 대기에 사는 금성의 생명체들을 추적 관찰하였습니다. 금성과 같은 대기 환경에서 견딜 수 있는 지구 생명체는 많지 않습니다. 도메인 역시 지구 태양계에 비밀 시설 내지 우주 통제부를 설치했습니다. 이 우주 태양계에는 부서진 행성들-소행성대-이 있는데 이 곳은 우주선이 이착륙하기에 상당히 좋은 저중력 플랫폼 역할을 해줍니다. 이는 인접한 은하계와 우리 은하계 사이의 '은하간 이동(galactic jump)'에 사용되지요. 이런 은하계의 끝자락에 우주선의 도착 전송(傳送)을 위한 은하 진입 지점으로 활용할 만한 좋은 행성들은 없었습니다. 그런데 이 부서진 행성들이 매우 이상적인 우주 정거장이 돼주었습니다. 구제국에 맞선 전쟁의 결과로 태양계의 이 지역은 지금 매우 소중한 도메인의 재산이 되었습니다.

기원전 3450년 ~ 3100년

지구에 일어나는 일에 대한 구제국의 정보원 혹은 '신성한 통치자들'의 간섭과 개입이 이 시기에 도메인으로 인해 중지됩니다. 그들은 그 신성한 통치자들을 인간 통치자들로 대체했습니다. 상 이집트와 하 이집트를 통일한 인간 파라오의 초대 왕조가 파라오 통치를 시작했는데 우연히도 그 파라오의 이름이 '인간(MEN)'이었습니다. 그는 이집트에 '인간의 아름다움'이란 뜻의 'Men-Nefer(역주: 멤피스의 이집트어)'라는 도시를 건설했습니다. 여기에서 구제국의 행정적 계급에 따른 350년간의 혼란의 시기와 10명의 인간 파라오들의 첫 왕위 계승이 시작되었습니다.

기원전 3200년

앞서 언급한 것처럼 이 시기 지구에서는 도메인과 구제국이 교전 상태에 있었습니다. 당시 시대적으로 이집트는 우주 오페라 시대였기 때문에 이 교전을 지구 고고학자나 역사학자가 이해할 수 없는 것은 당연합니다. 지구 역사학자들은 기억 상실 상태이므로 그저 종교적으로 해석, 추정할 뿐입니다. 또한 이 시대에 지구에 축적된 기술과 문명은 지구에서 진화된 것이 아니라 기성품이 '포장 완료되어' 나온 것이었기 때문에 더더욱 이해할 수 없었지요. 물론 지구 어디에도 이집트나 피라미드 문명에서 보이는 복잡한 수학, 언어, 저작물, 종교, 건축, 문화적 전통을 낳은 진화론적 이행의 증거는 없습니다. 종족별 육체 타입의 모든 세부사항들이 완전히 갖춰진 이러한 문화들, 머리 모양, 얼굴 화장, 제례, 도덕적 코드 등등, 이것들은 진화의 과정을 거치지 않고 통합된 완성품으로 그냥 '나타난' 것입니다.

이 물리적 증거는, 도메인이나 구제국 혹은 다른 외계 활동이 지구에 개입했다는 모든 증거들을 인간의 의심을 받지 않도록 아주 말끔하게 제거했음을 암시합니다. 구제국 세력은 지구 이즈비가 자신들이 붙잡혀서 지구에 강제 이주 당했고 세뇌당했다는 사실을 알아 차리기를 추호도 바라지 않습니다.

그러니, 지구 역사가들은 고대 이집트의 사제들이 '광선총'이나 여타 구제국의 과학기술을 보유했을 거라고는 상정조차 하지 않은 채 그 믿음을 계속 이어온 것입니다. 또한 지금도 기독교인이 여전히 사용하는 '아멘'을 사제들이 읊고 돌아다니는 것 말고는 지구에는 아무 일도 없었다고 생각하지요.

기원전 3172년

동을 만드는 데 필요한 주석과 희귀 금속 채굴을 위한 올란타이탐보(역주: Ollantaytambo, 페루의 잉카 유적지, 잉카와 잉카 이전 문명이 혼재하는 곳), 마추픽추(역주: Machu Picchu, 페루 중남부 안데스 산맥에 위치한 잉카 후기의 유적), 파차카막 (역주: Pachacamac, 페루 리마 동남쪽에 위치한 유적지)에 있는 도시들 티아우아나코, 쿠스코, 퀴토처럼 안데스 산맥의 '신들'을 위한 천문 건조물과 주요 채광장을 잇는 천체를 표시하는 격자망(grid) 설계.

말할 필요도 없이 금속은 당연히 '신들'의 재산이었습니다. 그 당시 지구에서 채광 사업이 아주 활발했던 것은 구제국과 도메인 간의 전쟁 때문이었습니다. 이들 광산업자들은 자신들의 모습을 조각상으로 남겼는데 광부용 헬멧을 쓰고 있는 모습입니다. 카라사사야 신전의 움푹한 안뜰에 서 있는 폰세 석상(The Ponce Stela sculpture)은 전자식 광파 절삭기와 공구집에 들어 있는 조각용 공구를 안고 있는 석공을 투박하게 묘사해 놓았습니다.

구제국은 아주 오랜 시간 동안 은하계에 있는 모든 행성에서 채광 사업을 계속 해왔습니다만 이제 지구의 광물 자원은 도메인의 소유입니다.

기원전 2450년

이집트 카이로 주변의 대피라미드와 피라미드 단지(團地)가 완공되었습니다. 구제국 관리자들이 만든 주문은 이른바 '피라미드 텍스트(역주: Pyramid texts, 이집트 카이로 남쪽 약 25km의 사카라에 있는 제5~7왕조 9기의 피라미드 매장실과 통랑 벽화에 기록되어 있는 매장 문서)'에서 볼 수 있습니다. 이 문서들에는 피라미드가 프타의 아들 토트의 감독 하에 건설되었다고 적혀 있습니다. 물론 피라미드는 매장을 목적으로 만든 것이 아니기 때문에 매장실에는 시신이 묻혀 있지 않습니다.

우주에서 보면 기자 대피라미드는 정확히 지구의 모든 대륙들의 정중앙에 위치하고 있습니다. 그렇게 한치 오차 없이 정확히 측정하려면 공기 원근법(역주: 눈과 대상 간의 공기층이나 빛의 작용으로 생기는 대상의 색채 및 윤곽 변화를 포착하여 거리감을 표현하는 기법)과 지구의 땅 덩어리들을 우주에서 보는 시점(視點)을 반드시 필요로 합니다. 지구 대륙의 측지학적 중심을 순전히 수학적 계산만으로 잡아내는 것은 불가능한 일입니다.

피라미드 내부의 수갱(竪坑:shaft)들은 오리온, 큰개자리(Canus Majora), 그리고 특히 시리우스의 성좌의 항성 배열에 정렬되도록 만들어졌습니다. 그 수갱들은 구제국의 고향 행성이 있는 북두칠성뿐만 아니라 앨니탁(역주: Alnitac, 오리온 성운에 있는 트리플 스타), 알파 드라코니스(역주: Alpha Draconis, 드라콘 성운에 있는 별), 베타 우사 마이너(Beta Ursa Minor)와도 정렬해 있습니다. 이 별들은 구제국의 주요 행성들이며 이 곳의 이즈비들이 폐품처럼 실려와 지구에 버려졌습니다. 기자 고원의 모든 피라미드의 배열은 태양계의 지구와 구제국 내 특정 성좌와의 '거울 이미지(mirror image)'를 만들기 위한 것이었습니다.

기원전 2181년

민(역주: MIN, 이집트 제1왕조 시작 전에 숭배된 신)이 이집트 풍요의 신이 되었습니다. 판(Pan)으로 알려진 이즈비 역시 그리스의 신이 되었습니다. 민 혹은 판은 구제국 기억 삭제 프로그램으로부터 용케 탈출한 이즈비였습니다.

기원전 2160년 ~ 2040년

도메인과 구제국 간의 전투가 격렬해지면서 이 때 '신성한 통치자'들의 통제가 약화되었습니다. 결국 그들은 이집트를 떠나 '천국'으로 돌아갔습니다. 패배한 것이지요. 인간이 파라오로서 통치권을 넘겨받았습니다. 첫 인간 파라오는 수도를 멤피스에서 헤라클레오폴리스로 옮겼습니다.

기원전 1500년

이 때가 바로 이집트의 대사제 헬리오폴리스의 프세노피스, 사이스의 손키스가 그리스의 현자 솔론에게 알려준 아틀란티스 멸망 시기입니다. 아누의 사제들은 이 시기에 '아트란티스인들'이 지중해 지역을 침략했다고 기록했습니다. 물론 이 사람들은 70000년도 넘게 오래 전에 존재했던 대서양에 있던 고대의 아틀란타 대륙에서 온 게 아니었습니다. 이들은 자신들의 문명, 크레테의 미노스 문명을 파괴한 테라산의 화산 폭발과 지진 해일을 피해 도망쳐 나온 크레테의 난민들이었습니다.

플라톤의 아틀란티스에 관한 언급은 그리스 철학자 솔론의 저작들에서 차용한 것들이고 솔론은 이집트 사제들에게 정보를 받았습니다. 이집트 사제들은 아틀란티스를 '켑츄(Kepchu)'라 불렀는데 켑츄는 '크레테 사람들'이란 뜻의 이집트 말이었지요. 당시 미노스 문명 이외에 지중해 지역에서 고도의 문화를 이룬 유일한 문명이 이집트였기 때문에 미노스 화산 재해에서 살아남은 사람들은 이집트에 도움을 요청했었습니다.

기원전 1351년 ~ 1337년

도메인 원정대는 구제국의 서펀트 형제단으로 알려진, 아문의 사제라 불리는 이집트 비밀 종교 집단을 상대로 종교 전쟁을 일으켰습니다.

이 때 파라오 아케나톤은 아문 사제직을 폐지하고 수도를 테베에서 측지학적으로 이집트의 정 중앙인 아마르나로 수도를 옮겼습니다. 그러나 구제국의 종교적 지배를 무너뜨리려 했던 이 계획은 곧 실패했습니다.

기원전 1193년

근동(역주: 서유럽에 가까운 동양의 서쪽, 아시아 서남부에서 아프리카 동북부에 걸친 지역)과 아카이아에서 그리스와 트로이가 패권을 놓고 전쟁을 벌였는데 이름하여 트로이전쟁은 트로이의 멸망으로 막을 내렸습니다. 같은 시기에 태양계의 우주 공간에서도 두 군대가 지구를 둘러싼 '우주 정거장'의 통제권을 놓고 싸우고 있었습니다. 그 300년의 기간 동안 구제국 잔존세력이 도메인에 대해 매우 강력하게 저항했으나 도메인에 대한 저항은 모두 쓸모 없는 헛수고로 전쟁은 그다지 오래 가지 않았습니다.

기원전 850년

그리스의 시각 장애 음유시인, 호머는 베다, 수메리아, 바빌로니아, 이집트 신화와 같은 문헌들을 차용하고 수정하여 '신들'의 이야기를 저술했습니다. 고대 사회의 많은 다른 '신화'들과 마찬가지로 호머의 시에서도 구제국 기억 삭제 프로그램을 피할 수 있었고 생물학적 육체 없이도 살아가는 이즈비들의 영웅적 행위에 대해 아주 세밀하게 묘사하고 있습니다.

기원전 700년

베다 찬가가 처음으로 그리스어로 번역되었습니다. 이는 원시적이고 야만적인 종족 문화에서 이성에 기반한 민주 공화국 사회로 전환하는 서양 문화 혁명의 시작이었습니다.

기원전 638년 ~ 559년

그리스의 현자 솔론은 이집트에서 같이 공부했던 구제국의 대사제, 헬리오폴리스의 프세노피스와 사이스의 손키스에게 받은 정보로 아틀란티스의 존재에 대해 기록했습니다.

기원전 630년

조로아스터는 아후라 마즈다(Ahura Mazda)라는 이즈비를 중심으로 페르시아에서 종교적 관례를 만들었습니다. 이는 도메인 관리자들이 화려한 위용의 구제국 신들을 대체하기 위해 지구에 심기 시작한 여러 '일신교' 신들 중의 하나입니다.

기원전 604년

'도(道, The Way)'라는 작은 책을 쓴 철학자, 노자는 구제국의 기억 삭제/ 최면 요법의 영향을 모두 극복하고 지구를 탈출한 위대한 지혜의 소유자였습니다. 그가 구제국의 영향을 극복하고 지구를 탈출할 수 있었던 것은 이즈비의 본질을 깊이 이해했기 때문입니다.

    전해지는 전설에 의하면 그는 인간으로서의 마지막 생을 중국의 작은 마을에서 보냈다고 합니다. 그는 자신의 삶의 본질을 깊이 숙고하였습니다. 고타마 싯다르타처럼 그는 자신의 생각과 전생을 직시하였습니다. 그렇게 하여 자신의 기억과 능력과 불멸성을 일부 되찾았습니다. 나이가 들자 그는 산으로 들어가 거기서 육체를 떠나기로 결정을 내렸습니다. 그가 길을 나서자 마을을 지키던 문지기가 그를 붙잡고 떠나기 전에 그의 가르침을 글로 남겨달라고 간절히 부탁했습니다. 그가 그 자신의 영을 재발견했던 '도(道)'에 대해 남긴 짤막한 가르침이 여기 있습니다.

    보는 자는 보지 못할 것이며
    듣는 자는 듣지 못할 것이며
    찾는 자는 붙잡지 못할 것이다.
    무형의 무존재, 움직임의 움직임 없는 근원이다.
    영의 무한한 본질이 생명의 근원이다.
    영은 영 스스로이다. 영은 영 그 자체이다.
    벽이 생기고 방을 만든다
    그럼에도 벽 사이의 공간이 가장 중요하다.
    항아리는 진흙으로 만든다.
    그럼에도 그 속에 생긴 공간이 가장 중요하다.
    행동은 무언가에 무엇도 아닌 힘에 의해 드러난다.
    무엇도 아닌 영 그대로가 모든 형상의 근원이다.

사람은 육신이 있기 때문에 엄청난 고통을 겪는다.

육신이 없다면 무슨 고통이 있겠는가?

영보다 육신을 더 아끼면,

그 자는 육체가 되고 영은 길을 잃는다.

그 자신, 그 영이 환영을 만들어낸다.

인간의 착각은 현실이 환영이 아니라고 생각하는 것이다.

환영을 창조하고 현실보다 더 그럴싸하게 만드는 자는

영의 길을 따라 천국으로 가는 길을 발견한다.

기원전 593년

유대인들이 쓴 창세기에는 '하느님의 아들들'과 '천사들'이 지구의 여자들과 관계를 맺어 자식을 낳는 이야기가 나옵니다. 이 하느님의 아들들과 천사들은 아마도 구제국의 변절자이거나 은하계 밖에서 지구에 광물자원을 훔치러 온 강도들 아니면 약물을 밀수하러 온 장사꾼들일지 모릅니다.

도메인은 지구 가까운 행성이나 은하계에서 지구로 오는 많은 방문자들이 있음을 예의 주시했습니다만 그들이 지구에 오래 머물거나 자리 잡고 사는 일은 드물었습니다. 강제로 끌려와 살지 않는 한 어떤 존재가 이런 감옥 행성에서 살려고 하겠습니까?

구약에서는 칼데아 지방의 채바강 근처에서 우주선 혹은 항공기의 착륙을 목격한 에스겔이라는 사람의 이야기가 나옵니다. 그는 비록 고대 언어를 사용했으나 구제국의 비행 접시 혹은 정찰기를 상당히 세밀하게 묘사했습니다. 이것은 히말라야 산 중턱에서 사람들이 '비마나'를 목격한 것과 비슷한 경우입니다.

그들의 창세기에는 야훼가 인간에게 120년동안 살 수 있는 생물학적 육체를 만들어 주었다는 이야기도 나옵니다. 대부분의 'Sun Type 12, Class 7' 행성들에서 사는 생물학적 육체는 보통 평균 150년을 지속시킬 수 있도록 설계되어 있습니다. 그런데 지구에 사는 인간 육체는 그 절반 정도 밖에 수명을 유지하지 못합니다. 우리는 그것이, 지구 감옥 관리자들이 인간에게 더 자주 기억 삭제 요법 시술을 해서 빨리 재순환하도록 하기 위해, 수명 단축 목적으로 인간 육체의 생물학적 소재를 변경한 것이라고 봅니다.

'구약'의 많은 부분이 구제국의 사제가 아주 가혹하게 인간을 통제했던 바빌론, 그 곳에서 노예생활을 했던 유대인들이 감금되어 있는 동안 쓰여졌다는 사실을 기억해야 합니다. 그 책은 사람들을 잘못된 시간 개념과 창조의 기원에 대한 거짓된 생각으로 오도합니다.

뱀은 구제국의 심볼입니다. 이 심볼은 그들의 창조 이야기나 그리스 사람들이 말하는 '창세기'의 첫 부분에 나옵니다. 또한 아담과 이브로 비유한 최초의 인간 존재들의 영적 파멸을 야기한 것도 뱀이었습니다.

확실히 구제국의 영향을 받았던 구약은 지구의 생물학적 육체로 유도 당한 이즈비들을 아주 자세하게 묘사했습니다. 또한 이 책은 구제국이 했던 거짓 기억 주입, 거짓말들, 미신들, '잊으라'는 최면 명령들을 포함한 많은 세뇌 작업들과 지구에 이즈비들을 붙잡아 두도록 고안된 덫과 속임수들의 모든 수법들까지 기술하고 있습니다. 무엇보다도 중요한 것은, 구약이 영원 불멸의 영적 존재라는 인간의 자각을 완전히 말살시켰다는 것입니다.

기원전 580년

델포이 신탁은 많은 신탁(神託, Oracle) 사원들의 조직망 중의 하나였습니다. 구제국 사제들은 각 사원마다 그 지역의 지역 '신'을 지정하였습니다. 이 조직망에 있는 사원들은, 지중해 전 지역과 북쪽으로는 발트해 지역까지 포함한 권역에서 테베 수도를 기준으로 정확하게 위도 5도 간격으로 각각 자리하고 있습니다.

사원은 지표면의 다른 많은 것들 사이에서 격자망 형태로 위치 확인을 돕는 주택형 전자 표지(標識)였습니다. 사원 내 안치된 돌은 후에 '옴파로스의 돌'이라고 부르게 됩니다. 신탁 사원 터의 격자망식 배치는 지구 밖으로 수 마일 떨어져야 볼 수 있고, 전자 통신을 위한 표지들의 원래 네트워크는 사제단이 해산하면서 쓸 수 없게 되었고 그 곳은 석조상으로 대체되었습니다.

구제국 사제단의 심볼은 비단구렁이(역주: python, 그리스 신화에서 아폴로가 델포이에서 물리쳤다는 뱀), 용(dragon), 뱀(serpent)입니다. 델포이에서 '지구의 용(earth-dragon)'이라 불렸고, 그것은 조각상이나 꽃병에서 언제나 뱀(serpent)으로 묘사되었습니다.

그리스 신화에서 델포이 사원에 있는 옴파로스 돌의 수호자는 이름이 피톤이라는 신탁, 뱀이었습니다. 그녀는 아폴로라는 '신'에게 정복당한 이즈비였지요. 아폴로는 그녀를 옴파로스 돌 밑에 묻었습니다. 이는 한 신이 다른 신의 무덤 위에 자신의 사원을 세운 경우입니다. 이 이야기는 지구에 있는 구제국 사원의 조직망을 찾아내 못 쓰게 만들었던 도메인 부대를 아주 정확하면서도 완곡하게 표현한 것입니다. 이 사건은 지구 태양계의 구제국 세력들에게는 치명타가 되었습니다.

기원전 559년

기원전 5965년에 실종된 도메인 대대 사령관은 도메인 원정대가 보낸 지구 수색대에 의해 탐지, 발견되었습니다. 그는 그 동안 페르시아의 키루스 2세로 환생하여 살고 있었습니다.

독특한 조직 체계는 키루스 2세와 인도에 있을 때부터 지구에서 인간으로 살아가는 당시까지도 그를 따랐던 대대 대원들에 의해 운영되었습니다. 당시 지구 역사상 가장 큰 제국을 세우는 것이 그들에게는 어느 정도 가능한 일이었습니다.

그를 발견했던 도메인 수색대는 수 천년 동안 잃어버린 대대를 찾기 위해 지구를 두루 돌아다녔습니다. 도메인 장교 900명으로 구성된 수색대는 각 300명씩 세 팀으로 나누었습니다. 한 팀은 육지에서 찾고, 다른 팀은 바다에서, 남은 하나는 지구를 둘러싼 우주 공간을 찾았습니다. 인간들은 당연히 이해하지 못하는 그들의 행적에 관련하여 여러 인간 문명이 남긴 많은 기록들이 있습니다.

도메인 수색대는 실종된 대대 대원들 고유의 전자적 신호와 파장을 쫓기 위해 필요한 전자 수색 장치를 광범위하고 다양하게 개발했습니다. 우주 공간에서 사용하는 장치, 지상에서 사용하는 장치, 물 속에 있는 이즈비를 수색하기 위해 발명한 특별 장치도 있었습니다.

이 전자 수색 장치들 중의 하나가 '생명의 나무'입니다. 이 장치는 말 그대로 생명의 존재 즉 이즈비를 탐지하기 위해 만들어진 것입니다. 이것은 넓은 지역까지 침투할 수 있도록 고안된 대형 전자 스크린 발생기였는데 전자장 발생기와 수신기가 교차되어 격자모양 짜임으로 되어 있었기 때문에 지구의 고대인들에게는 나무의 일종으로 보였습니다. 이 전자장은 이즈비가 육체 안에 있건 육체 밖에 있건 이즈비의 존재를 탐지할 수 있었습니다.

도메인 수색대 대원들 모두가 휴대용 수색 장치를 가지고 다녔습니다. 수메리아의 돌 조각물들에서는 (인간의 몸을 스캔하는) 솔방울 모양 기계를 사용하는 날개 달린 존재들이 묘사되어 있습니다. 또 독수리 머리의 날개 달린 존재들이 스캐너에 필요한 동력 장치를 들고 다니는 모습도 볼 수 있는데 스캐너는 정형화된 모양의 바구니나 물통으로 표현되어 있습니다.

아후라 마즈다(역주: 조로아스터교의 주신(主神))가 이끄는 도메인 항공 수색대 대원들은 지구인들에게 주로 '날개 달린 신'으로 불렸습니다. 페르시아 문명 전체에 '파라바하르(Faravahar)'라고 부르는 날개 달린 우주선이 돌에 양각으로 새긴 조각물들에 상당히 많이 묘사되어 있는 것을 찾아볼 수 있습니다. 도메인 해양 수색대 대원들은 그 지역에서 '오아네스(oannes)'라 불렸습니다. 이른바 오아네스 돌 조각물에는 은으로 된 다이빙 슈트를 입고 있는 모습이 새겨져 있습니다. 그들은 바다에 살았고 물고기처럼 보이도록 꾸민 인간이 되어 사람들 앞에 나타났습니다. 실종된 대대 대원들 중에 돌고래나 고래의 몸을 가지고 바다에 살고 있는 대원들을 몇몇 찾아냈습니다.

지상 수색대 대원들을 수메르인들은 '아눈나키(Annunaki)'라 불렀고 성경에서는 '네피림(Nephilim)'이라 불렀습니다. 물론 그들의 진짜 임무나 활동은 호모 사피엔스들에게는 절대 밝혀지지 않았습니다. 그들은 그들의 활동을 의도적으로 숨기고 위장했습니다. 그래서 아눈나키와 도메인 수색대 다른 대원들에 대한 인간들의 이야기나 전설들은 제대로 알려지지 않았을 뿐더러 심하게 오역되어 전해지고 있습니다.

완전하고 정확한 정보의 부재로 누구든 그 현상을 본 사람은 그것을 이해하려고 하는 과정에서 추측을 하게 되고 가설을 세우게 됩니다. 그래서 신화와 역사가 실제 있었던 사건에 입각했을 지라도 신화와 역사는 정보들을 잘못 이해하고 잘못 해석하여 내린 평가 투성이이며, 엉뚱한 추측과 이론과 가설들로 윤색되어 버리지요.

도메인 원정대의 항공 수색대가 '날개 달린 원반'을 타고 날아다니는 모습이 현재에도 남아 있습니다. 이것은 도메인 수색대가 타고 다녔던 우주선뿐만 아니라 이즈비가 가진 영적인 힘에 관해서도 간접적으로 보여주는 것입니다.

유대인과 무슬림 공히, 히말라야에서 실종된 대대 사령관이었다가 키루스 2세로 환생한 이즈비를 지구에 온 메시아로 생각했습니다. 50년도 안 되는 짧은 시간에 그는 모든 서양 문명으로 보급된 높은 도덕적, 인도주의적 철학을 정립하였습니다.

그가 이룬 영토 확장, 조직 구성, 기념물 건조 사업들은 전무후무한 것이었습니다. 단기간 내에 그런 포괄적인 업적을 이룰 수 있었던 것은 수 천년 동안 함께 훈련 받고 작업했던 도메인 부대의 대원들, 잘 훈련된 장교와 파일럿과 엔지니어들로 구성된 팀과 리더가 하나가 되어 일했기 때문입니다.

히말라야 기지에서 실종되었던 많은 대원들의 소재를 파악하긴 했지만 도메인은 그들의 기억을 복구시킬 수가 없어 아직도 그들을 현역으로 복귀시켜 주지 못하고 있습니다. 물론 우리는 생물학적 몸 속에 살고 있는 이즈비를 도메인의 우주 통제부로 이송할 수 없습니다. 그것은 도메인의 우주선에는 산소가 없기 때문입니다. 또한 거기에는 생물학적 존재의 생명 유지를 지원할 만한 시설 역시 없습니다. 우리 바람은 오직 그들을 찾아내 기억과 정체성과 그들의 의식을 다시 일으켜 세워 언젠가 그들이 다시 우리와 합류하는 것뿐입니다.

기원전 200년

구제국 마지막 피라미드 문명은 테오티우아칸 (역주: Teotihuacán, 해발 2300미터 멕시코 고원에 있는 고대 도시, 해의 피라미드와 달의 피라미드를 비롯한 많은 피라미드가 있는 것이 특징)에 있습니다. 이 아즈텍 이름이 뜻하는 것은 '신들의 장소' 혹은 '인간이 신으로 변한 곳'입니다. 이집트에 있는 기자 피라미드의 천문학적 배치처럼 테오티우아칸의 피라미드 단지 전체가 내행성(역주: inner planet, 소행성대보다 안쪽 궤도를 돌고 있는 태양계 행성들, 수성 금성 지구 화성이 이에 해당됨), 소행성대, 목성, 토성, 천왕성, 해왕성, 명왕성의 궤도 거리를 정확히 반영하는 태양계의 축적 모형입니다. 천왕성이 1787년에 현대의 지구 망원경으로 '발견'되었고 명왕성은 1930년까지도 발견되지 않았기 때문에 이 단지의 건설자들이 '다른 곳'에서 정보를 받았다는 점을 결코 부인할 수 없습니다.

지구에 건설된 피라미드 문명의 공통점은 뱀, 용, 혹은 큰 뱀/구렁이의 이미지를 지속적으로 사용한다는 것입니다. 이는 여기에 문명을 심은 존재들이 인간이 '신'은 파충류라는 환영을 창조하길 바랐고 또한 그 환영은 인간의 기억 상실 상태가 영속되도록 설계된 환영의 일부분이기 때문입니다. 지구에 거짓 문명을 세운 존재는 당신과 같은 이즈비들입니다. 구제국의 이즈비가 들어가 살고 있는 많은 생물학적 육체들은 지구인의 육체와 외모가 아주 비슷합니다. '신'은 파충류가 아닙니다. 비록 그들이 뱀처럼 행동할 때가 많기는 하지만.

서기 1034년 ~ 1124년

전 아랍 세계가 산상 노인이라 불렸던 하산 이븐 알 사바흐(Hasan ibn-al-Sabbah)라는 한 인간에 의해 노예화되었습니다. 그는 인도의 많은 지역과 소아시아 그리고 지중해 연안 대부분을 테러와 공포로 지배했던 이슬람의 한 분파인 하시샤신을 조직하고 관리했습니다. 그들은 수 백 년 동안이나 '암살자'가 문명 세계를 통제할 수 있게 한 극히 효과적인 마인드 컨트롤 체계와 강탈 수단을 통해 사제가 되었습니다.

그들의 방법은 단순합니다. 젊은 남자들을 납치하여 대마초(역주: hashish, 대마초의 아랍어, 일설에는 하시샤신이 이 하시시에서 나온 말이라고 함)로 의식을 잃게 만든 다음, 그들을 젖과 꿀이 흐르는 강으로 꾸며진 하렘(역주: harem, 전통 이슬람 가옥에서 여자들이 생활하는 공간)에 있는 정원으로 데려가는데 그 곳은 아름다운 검은 눈을 가진 요염한 미녀들이 가득합니다. 그리고 젊은 남자들에게 당신이 지금 천국에 왔다고 말해 주고 약속을 합니다. 만약 대상이 누구든 죽이라는 명령을 받고 암살자로서 자신을 희생한다면 당신은 이 곳 천국에 다시 올 수 있고 영원히 이 곳에 살 수 있다고 말이지요. 그리고 다시 의식을 잃고 암살 임무 수행을 위해 세상으로 떠밀려 버리는 것입니다.

그 사이 산상 노인은 칼리프나 부유한 통치자나 어쨌거나 그들이 빼앗으려고 타겟으로 삼은 사람에게 금과 향신료, 향료든 뭐든 돈이 되는 것들을 낙타에 실어 보내라고 메신저를 보냅니다. 제때 물건을 보내지 않으면 기분을 상하게 한 당사자를 죽일 암살자를 보냈지요. 죽어서 천국으로 돌아가기 위해 그들의 암살 임무를 수행하는 것 외에는 바라는 게 없는 이 이름 모를 습격자를 막을 자는 사실상 없었습니다. 이는 세뇌와 마인드 컨트롤이 기술적이고 강력하게 사용되었을 때 얼마나 단순하면서 효과적인지를 보여주는 아주 적나라한 사례입니다. 그리고 이것은 구제국이 지구에 사는 모든 이즈비에게 적용했던 기억 삭제와 마인드 컨트롤이 어떻게 효과를 드러내는지를 보여주는 소규모 실연(實演)이라고 할 수 있습니다.

서기 1119년

제1차 십자군 전쟁이 끝난 후 기독교 군부대로 설립되었던 템플 기사단은 얼마 지나지 않아 지구에서의 구제국 활동을 위해 정보원들이 계획한 임무 수행의 자금 조달 수단으로, 즉 국제적 금융 시스템의 기반으로 변신했습니다.

서기 1135년 ~ 1230년

도메인 원정대는 지구를 둘러싼 태양계에서 여전히 활동중인 구제국 우주 함대들을 완전히 전멸시켰습니다. 안타깝게도 오랫동안 확립되어 자리 잡은 생각 제어 시스템은 아직 대부분 그대로 남아 있습니다.

서기 1307년

템플 기사단이 프랑스의 왕 필립 4세에 의해 해산됩니다. 필립 4세는 기사단에게 많은 빚을 지고 있었습니다. 그는 기사단의 모든 재산을 빼앗아 빚을 청산하려는 목적으로 기사단을 규탄하도록 교황 클레멘트 5세에게 압력을 가했습니다. 결국 기사단들을 체포하여 고문으로 거짓 자백을 받아내 화형시켜버렸습니다.

대다수 템플 기사단원들은 스위스로 망명하여 비밀리에 지구 경제를 지배할 국제 금융 시스템을 설립했습니다. 구제국 정보원들은 국제적인 금융업자로서 보이지 않는 영향력을 행사했습니다. 은행들은 민간 선동가로서 은밀히 국가간의 전쟁을 조장하고 전쟁 자금을 유통시키는 역할을 했습니다. 전쟁은 수감자들 전체가 통제 가능한 일종의 내부 체제입니다.

이런 국제적 금융 업자들의 자금으로 발생되는 무자비한 대량 학살과 살육의 목적은 지구 이즈비들이 열린 소통으로 서로 나누고 협조하여 함께 번창할 수 있는 활동을 하고 그리하여 그들이 지구 감옥을 탈출하는 것을 차단하는 것입니다.

Chapter 11.
생물학 수업

생물학 수업

마틸다 오도넬 맥엘로이 여사의 개인적인 메모

　내가 하는 보고는 백업을 위해 테이프에 녹음을 하고 거기에 추가로 속기 기록을 해 내용을 더욱 명확히 했습니다. 나는 에어럴에게 들은 모든 것들이 내 마음 속에 아직 생생히 남아 있을 때 하느라 인터뷰가 끝나는 대로 즉각 즉각 보고를 했습니다.

　갤러리들과 속기사에게 에어럴한테 들은 이야기를 자세히 들려줄 때는 나 역시 조금씩 어질어질함을 느꼈습니다. 도메인의 관점에서 본 지구 역사에 대한 조망은 전혀 과장하지 않아도 정말로 이상했습니다. 이 불편한 느낌이 혼란에 빠져 정신을 못 차리는 건지 내가 이 이야기에 순응하고 있느라 그러는 건지는 알 수 없었습니다. 어느 쪽이든 내 마음은 안정이 되지 않았고 혼란스러웠습니다. 그러면서도 동시에 그럴 수 있겠다는 믿는 마음도 있었지요. 그 이야기는 나를 믿지 못하게 하기도 하고 힘이 나게도 해주었습니다.

속기사는 내가 넘겨 주는 역사 수업 내용을 기록하면서 몇 번이나 나를 의심스러운 눈초리로 쳐다 보았습니다. 그녀는 내가 정신이 나갔다고 생각하는 것이 확실했습니다. 어쩌면 그녀 생각이 맞을 지도 모르지요. 그러나 내 마음이 에어럴 말대로 구제국이 심어놓은 최면 암시와 거짓 기억으로 가득 차 있는 거라면 아마 정신이 나가 버리는 게 더 나을 지도 모르는 일입니다!

그 때 나는 이런 것들을 혼자 곰곰이 생각해 볼 시간을 충분히 갖지 못했습니다. 에어럴에게 얻을 수 있는 모든 정보를 얻어내고 인터뷰가 끝나는 즉시 속기사에게 인터뷰 내용을 전달하는 것이 내 임무였습니다. 내가 해야 할 일은 정보를 분석하는 것이 아니라 가능한 한 정확하게 보고하는 것이었습니다. 분석은 옆방의 갤러리들이나 필기한 것의 사본을 받는 사람들의 몫이었습니다.

나는 에어럴이 요청하는 책이나 자료의 목록을 옆 방 요원들에게 전달하고 그들이 자료와 책을 모아다 주면 그것을 다시 에어럴에게 전달하였습니다. 인터뷰가 끝나 혼자 있는 밤이면 에어럴은 전달받은 자료들을 읽거나 '스캔'하면서 휴식 시간을 보냈습니다. 갤러리들은 각자 속기록 사본을 받아 인터뷰 내용을 분석하고 그들의 주의를 끄는 정보를 찾기 위해 검토했습니다. 아침이면 식사를 하고 나는 에어럴과의 인터뷰 혹은 '수업'을 계속 하기 위해 인터뷰 룸으로 다시 돌아갔습니다.

생물학 수업

공식 인터뷰 필기본

극비 사항
미 공군 공식 필기본
로스웰 공군 기지 509 포격 사단
주제: 외계인 인터뷰 1947년 7월 28일 1차 세션

내가 읽었던 책에서 논하는 우주와 지구 생명의 기원은 아주 정확하지 않습니다. 당신은 의료인으로 정부에서 일을 하기 때문에 당신 일은 생물학적 존재에 대한 이해가 있어야 할 것입니다. 그러니 내가 오늘 당신에게 알려줄 이 자료의 가치를 당신은 알아보리라 나는 믿습니다.

내가 받은 책 중에 생명체 기능과 관련한 주제의 책은 거짓 기억, 정밀하지 못한 관찰, 누락된 데이터, 증명되지 않은 이론들 그리고 미신에 기반한 정보를 담고 있습니다.

일례로 불과 몇 백 년 전까지만 해도 당신네 의사들은 광범위하고 다양한 정신적 육체적 고통을 완화하거나 치유할 목적으로 피를 뽑는 행위를 실제로 했습니다. 말하자면 몸에 있는 나쁜 기운을 빼내는 방법이었지요. 비록 그 방법이 어느 정도 통했을지 모르지만, 그것 말고도 아직 많은 야만적인 행위들이 의학이라는 이름으로 실제로 행해지고 있습니다.

생명 공학에 관한 잘못된 이론을 적용하는 것 말고도, 지구 과학자들이 저지른 많은 근본적인 실수들은 자연과 모든 생명체에 생명을 부여하는 에너지와 지성의 원천으로서의 이즈비의 중요성을 인지하지 못한

무지의 결과였습니다.

지구에 일어나는 일에 개입하는 것이 도메인의 우선적인 업무는 아니지만, 이러한 일에 대해 지구인들이 정확하고 완전하게 알도록 도와줌으로써 지구인들이 직면하고 있는 지구만의 고유한 문제들에 대한 효과적인 해법을 발견할 수 있도록 하기 위해, 도메인 통신 장교는 당신들에게 일정 정도의 정보를 제공할 수 있는 권한을 내게 주었습니다.

생물학적 존재의 기원에 대한 올바른 정보는 당신 스승의 마음에서 지워진 거와 마찬가지로 당신의 마음에서도 지워졌습니다. 당신들의 기억을 되찾을 수 있게 나는 생물학적 존재의 기원과 관련하여 사실에 입각한 일부 자료를 당신과 공유할 것입니다.

나는 에어럴에게 진화에 대해 언급할 것인지를 물었습니다. 에어럴은 "아니, 진화에 대한 것만은 아닙니다"라고 말했습니다.

고대 베다 찬가에서 '진화'라는 말이 언급되는 것을 찾아볼 수 있을 것입니다. 베다의 내용은 도메인 도처에서 수집한 민간설화, 일반적인 생각, 미신들 같은 것입니다. 이를 시가처럼 운문으로 집대성했지요. 매 문장의 진실성을 위해 절반의 진실, 진실에 역행하는 것 그리고 상상의 이미지들에 제한과 차별을 두지 않고 베다에 융합하여 담았습니다.

진화이론에서는 모든 생명체에 생명을 부여하는 에너지를 자체 공급하는 원천은 존재하지 않고 무생물이나 화학적 혼합물이 갑자기 '살아 움직이거나' 우연적으로 혹은 자연발생적으로 생물이 된다고 가정합니다. 그러면 아마 화학적 분비물이 가득한 웅덩이 속으로 전기를 방류하면 마법처럼 스스로 살아 움직이는 존재들이 태어날 지도 모르겠습니다. 진화이론이 옳다는 증거는 눈 씻고 찾아봐도 없습니다. 그 이유는 단순합니다. 틀렸으니까요. 프랑켄슈타인 박사는 실제로 죽은 시체를 부활시켜 사람들을 약탈하며 돌아다니는 괴물로 만들지 않았습니다. 폭풍우 치는 캄캄한 밤 허구의 이야기를 써내려 갔던 이즈비의 상상 속에서라면 몰라도.

서양 과학자들 중 누가 무엇을 어디서 언제 어떻게 이런 생명활동이 일어나도록 하는지를 깊이 고심했던 사람은 없었습니다. 무생물과 세포 조직에 생기를 부여하는 생명력의 원천으로서의 영(spirit)에 대한 자각이 전혀 없는, 완벽한 무지와 부인(否認)이 서양 의학이 실패한 유일한 원인입니다.

더욱이 진화는 우연 발생적인 것이 아닙니다. 진화는 이즈비들의 신중한 관리 감독하에 다루어져야 하는 엄청난 양의 첨단 기술이 요구되는 일입니다. 아주 단순한 예는 개의 번식이나 가축의 품종 개량에서 찾아볼 수 있습니다. 어떤 식으로 설명을 하더라도 인간의 생물학적 조직이 초기 유인원의 형태에서 자연스럽게 진화됐다는 말은 어불성설입니다. 지구상에서 현대의 인간 육체가 진화해 왔다는 말을 뒷받침해줄 어떤 물리적 증거도 드러난 적이 없습니다.

이유는 간단합니다. 인간 육체가 어둑한 시간의 안개 속에서 화학적 상호작용이 낳은 태고의 진흙으로부터 자연발생적으로 진화했다는 생각은, 당신들이 인류의 진정한 기원에 대한 기억을 되살리지 못하도록 하기 위해 구제국이 기억 삭제 요법으로 주입한 최면적인 거짓말일 뿐입니다. 사실상 인간 육체는 수 조년 동안 우주 전역에 다양한 형태로 존재해 왔습니다.

8200년 전에 도메인 원정대가 베다 찬가를 지구에 들여온 일은 사태를 더욱 심각하게 만들었습니다. 원정대가 히말라야에 주둔하는 동안 그 지역의 몇몇 사람들에게 베다 찬가를 가르치고 또 그들은 그것을 암기했습니다. 확실히 내 눈에는 당시 원정대 대원들은 그 일을 그저 순수하게 재미 삼아 하는 것처럼 보였습니다. 하지만 그렇다손 치더라도 분명히 짚고 넘어가야 할 것은 그런 일은 도메인 군사시설에서 복무하는 대원들에게 허가된 일은 아니라는 점입니다.

찬가는 히말라야 산맥 기슭의 작은 산들에서 수 천년 동안 세대에 세대를 거쳐 구전되며 오래오래 전해져 내려왔고 종내는 인도 전역에까지 퍼져나갔습니다. 당신이 '그림 동화(Grimm's Fairy Tales)'를 자녀 양육에 도움되는 책이라고 생각하지 사실로 믿지 않는 것처럼 도메인의 어느 누구도 베다 찬가의 내용을 사실이라고 믿지 않습니다. 그러나 자신의 기억을 모두 잃어버린 이즈비들만 사는 이 행성에서는 이런 이야기와 판타지가 얼마나 심각하게 받아들여질 수 있는지 누구든 가늠할 수 있을 것입니다.

씁쓸한 일이지만 베다 찬가를 배운 사람들은 베다 찬가를 신의 말씀이라며 다른 사람들에게 전했습니다. 결국 베다의 내용은 글자 그대로 '진리'로 받아들여지고, 사람들은 베다의 완곡한 표현이나 비유적인 표현들을 교조적 사실로 수용하여 실천하기에 이르렀습니다. 베다에 담긴 철학은 무시되고 찬가는 지구상의 거의 모든 종교의 실천교리가 되었는데, 특히 힌두교의 기원이 되었습니다.

도메인의 장교이자 파일럿, 엔지니어인 나는 항상 매우 실용적인 관점을 견지해야 합니다. 내가 철학적 도그마나 미사여구를 내 작업 매뉴얼로 사용한다면 나는 임무를 효과적으로 완수할 수 없을 것입니다. 그렇기 때문에 우리가 지금부터 다루려는 역사적 내용은 이즈비가 지구에 도착하기 오래 전에 그리고 구제국이 권력을 잡기 오래 전에 일어났던 실질적인 사건에 바탕을 둔 것임을 밝힙니다.

지금부터 이야기할 역사적 내용에서 일부는 내 경험과 관련하여 다루었습니다.

수 십억 년 전 나는 여기서 멀리 떨어진 은하계에 있는 아주 큰 생명공학 연구소에서 일했습니다. '아카디아 재생(再生) 회사'라는 곳이었는데 나는 큰 규모의 공학자 집단과 함께 생명 공학자로 일하고 있었습니다. 우리가 하는 일은 생명체를 제작해 생명체가 살지 않는 행성에 공급하는 것이었지요. 당시 그 곳에는 수 백만 개의 생명체가 살지 않는 행성과 함께 수 백만 개의 항성계가 있었습니다.

당시에는 우리 회사 말고도 다른 생물공학 연구 회사들이 많이 있었습니다. 거주하게 될 행성의 '등급'에 따라 생명체의 종류를 다르게 생산하는 방식으로 각 회사들은 특화되어 있었습니다. 오랜 시간이 흐르는 가운데 이런 연구소들은 은하계 전역에 걸쳐 방대한 카테고리의 종(種)들을 개발하게 되었지요. 대부분의 기초적인 유전 형질은 생명체의 모든 종에 공통적인 것이었습니다. 그래서 작업의 대부분은 다양한 행성 등급들에 꼭 맞는 거주자들을 만들기 위해 생명체에 변화를 가하는 작업, 즉 기본적 유전 패턴의 변경 조작 관련 일이었습니다.

'아카디아 재생 회사'는 삼림지역에 적합한 포유류나 열대 지역에 맞는 조류를 전문적으로 생산했습니다. 마케팅 부서 직원들은 우주 전역에서 온 다양한 행성의 정부들이나 독립적인 바이어들과 계약 협상을 했습니다. 기술자들은 기후, 대기 밀도, 생명체 거주 밀도나 화학 성분과 같은 다양한 변수에 잘 맞는 동물을 제작하였습니다. 또한 이미 그 행성에 사는 다른 회사의 생물학적 유기체와 우리 회사 샘플을 통합하는 점도 고려했습니다.

이를 위해서 산업 무역 박람회나 다양한 간행물 그리고 관련 연구과제를 공동 협력하여 연구하는 협회를 통해 공급되는 다양한 정보를 공유하는 등 우리 회사 기술자들은 생명체를 만드는 다른 회사들과 지속적으로 커뮤니케이션을 취했습니다.

우리 연구는 행성 조사 업무가 많은 일이라 항성 간의 여행을 많이 해야 한다는 것은 당신도 짐작이 될 겁니다. 그런 이유로 나는 파일럿으로서 비행 조종 기술을 익혔습니다. 수집된 데이터는 거대한 컴퓨터 데이터베이스에 집적해 생명 공학자들이 평가 분석했습니다.

컴퓨터는 인공 '두뇌'나 복잡한 계산기로 쓰이는 전자 기기이며 정보를 저장하고 계산을 하고 문제를 해결 그리고 기계적인 기능을 수행할 수 있습니다. 우주의 거의 모든 은하계에서 통상적인 관리업무와 기계 관리, 행성 전체나 행성계의 보수 작업을 처리하는 데 아주 거대한 컴퓨터를 사용합니다.

조사를 통해 수집한 데이터를 바탕으로 새로운 생물에 디자인이나 예술적인 표현을 가미합니다. 생명체는 가장 높은 가격을 제시한 사람에게 판매되는 경우도 있고, 아예 처음부터 고객의 주문에 맞춰 제작되는 경우도 있습니다.

디자인과 기계적 사양은 세포, 화학 그리고 기계 기술자들을 거쳐 다양한 문제들을 해결한 다음 조립 라인으로 넘어갑니다. 이러한 작업은 모든 구성 요소들을 통합하여, 잘 작동되고 기능 수행에 문제 없고 미적 감각이 있는 하나의 완성품을 만들어 내기 위한 과정이지요.

생물의 원형들이 이렇게 생산이 되면 인공적으로 만든 환경에서 테스트를 거칩니다. 미비한 점은 수정 보완해서 해결하고 마지막 테스트를 위해 실제 행성에 투입되기 전에 새 생명체는 최종적으로 생명력이나 영적 에너지를 '부여'받아 살아 움직이는 생물이 됩니다.

생물학적 유기체를 행성에 투입한 후 우리는 이런 생물학적 유기체들이 그 행성 환경과 그곳 토착 생명체와 어떤 상호 작용을 하는지 지켜봅니다. 그리고 공존 불가능한 유기체 간의 상호작용에서 드러나는 충돌이나 마찰은 그 생명체를 만든 회사와의 협상을 통해 문제를 해결합니다. 일반적으로 우리가 만든 생명체나 그 쪽 생명체 혹은 둘 다를 변경 요청하는 절충안으로 협상은 타결됩니다. 이는 당신들이 '우생학'이라 부르는 과학 혹은 기술의 한 분야이지요.

개별 생명체를 수정 변경하는 것보다 행성 건설이 훨씬 복잡한 작업이기 때문에 자주 있는 일은 아니지만 가끔 행성 환경을 바꾸는 경우도 있습니다.

우연하게도 -내가 회사를 그만 둔 지 한참 지나서- 아카디아 재생 회사가 근래에 한 계약 건 중의 하나가, 우주의 이 구역 행성들에 사는 생물들 대부분을 멸한 은하계 전쟁으로 인해 소실된 생물 보충을 위해 지구에 생명체를 배달하는 프로젝트였다고, 회사에서 같이 일했었던 엔지니어 친구가 말해주었습니다. 그것이 약 7000만 년 전 일입니다.

수 십억이나 되는 다양한 종들이 생태학적으로 상호작용하며 살아갈 수 있는 환경으로 행성을 변경 수정하는 것이 불가피한 이 작업은 어마어마한 프로젝트였습니다. 은하계의 거의 모든 생명공학 회사의 전문가들이 이 프로젝트를 돕기 위해 투입되었습니다.

당신이 지금 지구에서 보는 것이 그 이후로 남겨진 엄청나게 다양한 생명체들입니다. 당신들 과학자들은 여기 존재하는 모든 생명체를 잘못된 '진화 이론'으로 설명하는 것을 믿고 있습니다. 지구를 포함한 우주에 사는 모든 행성의 생명체들은 아카디아 재생 회사와 같은 회사에서 제작된 제품이라는 것이 진실입니다.

그렇지 않으면 이 행성의 육지와 바다에 사는 서로 전혀 다르고 관련성 없는 수 백만 갈래 생명체 종(種)들을 달리 어떻게 설명할 것입니까? 살아 움직이는 모든 생물을 정의하는 영적 생기의 근원을 달리 또 어떻게 설명할 것입니까? 모두가 '신'이 한 일이라고 말하는 것은 너무나도 막연한 설명입니다. 모든 이즈비들은 수많은 시간과 수많은 장소에서 수많은 이름과 얼굴을 가집니다. 모든 이즈비는 신입니다. 이즈비가 물질적 대상에 깃들면 그 때 이즈비는 생명의 근원이 됩니다.

가령 지구에는 수 백만 종의 곤충이 있는데 이 중 약 35만 개가 딱정벌레입니다. 지구에는 언제든 십 억 종이나 되는 많은 생명체가 살 수 있습니다. 그리고 지구에서 살아가는 생명체보다 멸종하는 생물 종이 더 많을 때가 많이 있습니다. 그렇게 멸종된 생물은 화석이나 지구의 지질학적 기록들에서 재발견될 테지요.

지구 생명체에 관한 현재의 '진화 이론'은 생물학적 종이 이렇게나 다종다양하다는 사실에 주목하지 못하고 주의를 기울이지 않았습니다. 자연 도태에 의한 진화는 공상과학 소설입니다. 한 종이 이즈비의 유전자 조작 없이 지구의 교과서가 가르치듯 우연히 무작위로 다른 종으로 진화하는 일은 없습니다.

지구에서 이즈비의 개입을 보여주는 가장 간단한 예가 한 종의 선택적 번식입니다. 지난 몇 백 년 사이에 단 한 품종으로 시작했던 개와 비둘기와 잉어가 단 몇 년 만에 수백 개의 품종으로 '진화'했습니다. 이즈비의 적극적인 개입 없이는 생물학적 유기체는 거의 변하지 않습니다.

'오리 너구리'같은 동물 개발처럼, 오리 부리와 비버의 몸을 결합시키고 알을 낳는 포유동물을 만들기 위해서는 매우 독창적이고 정교한 다양한 공학 기술이 필요합니다. 이런 것은 의심할 여지 없이 부유한 고객이 선물용으로 아니면 재미 삼아 '특별 주문'한 것입니다. 몇 개의 생명 공학 회사가 이것을 자기 증식하는 생명체로 만들기 위해 몇 년 동안 작업했을 거라 나는 확신합니다!

어떤 원시의 진흙에서 우연한 화학작용이 일어나 생긴 결과로 생명체가 창조되었다는 말은 참으로 어처구니가 없습니다!

사실 프로테오박테리아(프로테오박테리아문(門): 산소비발생형 광합성을 하는 세균 그룹) 같은 지구의 몇몇 유기체들은 원래 'Star 3, Class C'행성들에 맞게 디자인한 문(門: Phylum: 생물 분류 단위)단위의 생물을 변경한 것들입니다. 도메인은 오리온 자리 중앙의 세 별처럼 초고온의 크고 파란 별 가장 가까이 있는 행성을 산소 부족 행성으로 지정했습니다.

생명체의 창조는 이 분야의 전문가인 이즈비에게도 매우 복잡한 고도의 전문 기술을 요하는 작업입니다. 유전적 변칙들은 기억이 모두 지워진 지구의 생물학자들에게는 도저히 이해할 수 없는 일이지요. 안타깝게도 구제국이 심어 놓은 거짓 기억이 지구 과학자들로 하여금 너무나도 명백한 변칙들을 관찰하지 못하게 하는 것입니다.

생물학적 유기체의 가장 힘든 기술적 도전과제는 자가 재생 능력 혹은 유성 생식(有性 生殖)을 고안하는 일입니다. 이는 다른 생물에게 잡아먹혀 소실되어가는 생물의 대체 생물을 계속해서 만들어야 하는 고충에 대한 해결책으로 고안된 것입니다. 행성 정부 역시 대체 동물을 계속 구매해야 하는 걸 좋아하지 않았지요.

이 유성 생식에 관한 아이디어는, 수 조년 전 생명 공학 산업 내 논란이 되고 있었던 기득이권에 대한 논쟁을 해결하기 위해 개최된 컨퍼런스의 결과물이었습니다. 생물 생산 조정활동은 악명 높은 '유미 크럼 위원회(Council of Yuhmi-Krum)'가 책임지기로 했습니다.

위원회의 특정 멤버가 전략적으로 뇌물을 받거나 살해 당하는 일이 생기자, 위원회는 우리가 지금 '먹이 사슬'이라고 부르는 생물학적 현상에 대한 협의안을 쓰는 것으로 타결을 보았습니다.

생물이 자신의 에너지원으로 다른 생물을 소비해야 한다는 아이디어는 생명 공학 기술 사업 분야에서 가장 큰 회사 중의 하나가 제시한 해결책이었습니다. 그 회사는 곤충과 화초가 전문이었습니다.

이 둘의 접점은 명백합니다. 거의 모든 화초는 번식을 위해 곤충과의 공생 관계를 요하는데 그 이유는 곤충과 꽃이 같은 회사에서 만들어졌다는 것이지요. 유감스러운 일은 이 회사에는 기생충과 박테리아를 생산하는 부서도 있다는 점입니다.

다소 거칠지만 회사 이름을 영어로 번역하면 대충 'Bugs & Blossoms'이라는 이름이 되는데, 그들이 내세우는 기생 생물 제작의 타당하고 유일한 목적은 유기물의 분해를 돕는다는 것이었지요. 이것으로 그들은 기생 생물 제작을 정당화하려고 했습니다. 당시 그런 생물을 거래하는 시장에는 분명히 한계가 있었습니다.

　사업 확장을 위해 그들은 대형 홍보회사와 영향력 있는 정치 로비스트 집단을 고용하여 생명체가 다른 생명체를 섭취해야 한다는 아이디어를 미화시켰습니다. 또한 판촉 활동에 쓸 '과학적 이론'도 만들어 두었습니다. 그 과학적 이론이란 것은 모든 생물은 에너지원으로 '음식' 섭취를 필요로 한다는 내용이었지요. 그 이전에 제작된 어떤 생명체도 외부의 에너지를 필요로 하지 않았습니다. 동물들은 햇빛, 무기질, 식물성 물질만을 소비했지 음식으로 다른 동물을 먹는 일은 없었습니다.

　물론 'Bugs & Blossoms'은 육식 동물을 설계 제작하는 사업에 돌입했고 얼마 되지 않아 너무 많은 동물들이 음식으로 먹혀 그 동물들을 대체하는 문제가 아주 심각해지게 되었습니다. 고위 관료들을 전략적으로 매수한 뒤 그들의 도움으로 'Bugs & Blossoms'은, 다른 회사들에게 생명체들을 대체할 기반으로 '유성 생식' 사용 권장을 해결책으로 제시합니다. 'Bugs & Blossoms'이 유성 생식의 청사진을 개발한 최초의 회사였다는 것을 말할 필요도 없겠지요.

　예상대로 자극 - 반응하여 짝짓기, 세포 분열, 자가 재생 동물들의 선(先)프로그램된 성장 패턴을 생명체에 심는 생명 공학 기술 절차에 관한 특허권도, 물론 'Bugs & Blossoms'의 소유가 되었습니다.

　그 후 수 백만 년에 걸쳐 다른 생물 공학 회사들이 이런 프로그램을 의무적으로 구매해야 하는 법안이 통과되었고, 이로 인해 존재하는 모든 생명체의 세포 설계 시 이 프로그램을 적용시켜야 했습니다. 실용성 없는 불편하고 힘든 작업 때문에 다른 생명 공학 회사는 사업을 하는 데 있어 막대한 경제적 부담을 안게 되었습니다.

이는 전체 생체 공학 산업의 붕괴와 몰락을 야기했습니다. '음식과 섹스'라는 개념은 궁극적으로 'Bugs & Blossoms'도 포함해서 전체 생명 공학 산업을 완전히 붕괴시켰습니다. 생명체 제조에 대한 수요가 사라지면서 생명 공학 산업의 생명은 서서히 꺼져 갔습니다. 그 결과 한 종이 멸종되었을 경우 새로운 생명체 제조 기술이 없기 때문에 멸종된 종을 대체할 방법이 아에 없어져 버렸습니다. 물론 이 기술은 지구에 알려진 적이 없었고 앞으로도 그럴 일은 없을 것입니다.

지구에서 아주 멀리 떨어진 행성 어디엔가 생명 공학 기술에 관해 기록된 컴퓨터 파일이 아직 남아 있습니다. 아마 실험실이나 컴퓨터도 어디에선가 여전히 남아 있을 지도 모르지만 그것들을 이용해 무언가를 하려는 이는 아무도 없습니다. 따라서 지구에 남아 있는 멸종 위기의 동물을 보호하는 일이 도메인에게 왜 그렇게 중요한지 이제 당신도 이해할 수 있을 것입니다.

'유성 생식' 기술의 바탕에 있는 핵심 개념은 '순환적 자극-반응 발동기'라 불리는 화학/전기적 상호작용의 발명이었습니다. 이것은 외관상 자발적이고 반복적으로 번식 충동을 유발하는 것으로 보이나 이미 프로그램된 유전적 구조입니다. 이 기술은 나중에 호모 사피엔스를 포함한 살(flesh)을 가진 생물학적 육체들에 적합하게 응용 개조되었습니다.

특히 호모 사피엔스 타입 육체의 생식 프로세스에 사용되는 또 다른 중요한 메커니즘은 몸 속에 이식한 '화학/전기 트리거(trigger)' 장치입니다. 인간 몸이나 그 외 살을 가진 몸에 살도록 이즈비를 끌어당기는 '트리거'는 인위적으로 새겨 넣은 전자 파동을 이용한 것인데, 이 전자파동은 이즈비를 끌어당기는 '탐미(耽美)적 통증(aesthetic pain)'을 이용한 것입니다.

　자유로운 상태의 이즈비를 잡기 위해 썼던 것들을 포함해서 우주의 모든 덫은 탐미적 전자파동을 미끼로 사용합니다. 이즈비에게는 탐미적 파장으로 유발되는 감각보다 더 매력적인 것은 없습니다. 통증과 아름다움의 전자 파장이 결합되면 이즈비는 거기에 빠져 몸 속에 꼼짝없이 갇히고 맙니다.

　소나 여타 포유 동물과 같이 열등한 생명체의 '생식 트리거'는 향선(香腺: scent glands)에서 분비된 화학 물질인데, 이 향선은 테스토스테론이나 에스트로겐으로 자극 받는 생식의 화학/전기적 충동과 결합되어 있습니다.

　이러한 기능은 생명체가 식량이 부족할 때 더 많이 번식하게 하는 영양적인 차원과도 상관이 있습니다. 굶주림은, 현재의 유기체가 생존이 어려워졌을 때 다음 세대로 계속 재생(再生: regeneration)하여 생존을 영구화하기 위한 수단으로서의 번식활동을 더욱 촉진시킵니다. 이런 근본적인 구조는 모든 종의 생명체에 적용되었습니다.

　도메인 지배층은 살을 가진 몸을 입지 않는데 그 이유는 '성(性)의 탐미적 고통'의 전자 파동은 이즈비를 쇠약하게 만들고 중독되게 하기 때문입니다. 도메인 장교들이 인형 몸만 입는 것도 같은 이유입니다. 내가 알기로 이 전자파동은 우주 역사상 덫으로 만들어진 장치 중 가장 효과적인 것으로 입증되었습니다.

　도메인과 구제국 문명 모두 행성이나 군사시설에서 일할, '살을 가진 몸'에 사는 이즈비들의 노동력을 유지 보충하는 데에 이 장치를 활용합니다. 이런 이즈비들은 행성에서 비천하고 누구나 기피하는 육체 노동을 도맡아 하는 '노동 계급'의 존재들입니다. 이미 언급한 것처럼 구제국과 도메인을 통틀어 모든 이즈비들에게는 대단히 엄격하고 확고한 계층 내지 '계급 제도'가 있습니다.

다음과 같습니다.

가장 높은 계급은 '자유(Free)' 이즈비들입니다. 사회 정치 경제적인 구조를 훼손하거나 개입하지 않는다는 조건으로 이들은 자신의 의지대로 오고 가는 이동의 자유가 가지고 어떤 타입의 몸을 사용하건 제한이 없습니다.

그 다음 계급은 때에 따라 몸을 사용하거나 사용하지 않을 수 있는 '유한(有限: Limited)' 이즈비들로, 그 수가 많습니다. 각 이즈비들에게 부과된 제한 사항은 그들이 행사할 수 있는 힘, 능력, 기동성의 범위나 종류로 평가합니다.

그 아래는 내가 속해 있는 '인형 몸(Doll Body)' 계급입니다. 대다수 우주 장교나 우주선 승무원들은 은하간 공간을 비행하며 다녀야 합니다. 그래서 그들은 가볍고 내구성 있는 소재로 제작된 몸을 입습니다. 기능 수행에 용이하게 특화된 디자인의 몸 타입이 여러 가지가 있는데, 어떤 몸은 기계 점검이나 채광, 화학물질 취급, 내비게이션 등과 같은 작업을 위한 기구나 호환성 있는 공구를 부대장치로 장착하고 있기도 합니다. '계급장' 역할을 하는 이런 몸 타입은 여러 등급이 있습니다.

그 다음 계급은 군인입니다. 군인들은 상상 가능한 모든 적들을 감지하고 전투하고 굴복시킬 수 있도록 디자인된 특화된 군비(軍備)와 무수히 많은 무기로 무장합니다. 기계 몸을 입도록 명령 받는 군인들도 있습니다만 대다수의 군인들은 계급도 없이 원격 조종되는 한낱 로봇에 지나

지 않습니다.

가장 낮은 계급이 '살을 가진 몸'에 국한된 존재들입니다. 너무나 확실한 이유 때문에 이들은 우주 공간을 여행할 수 없습니다. 근본적으로 살을 가진 몸은 중력의 압박, 극한의 온도, 방사선 노출, 대기의 화학물질 그리고 우주의 진공상태를 견디기에는 취약해도 너무 취약합니다. 또한 살을 가진 몸은 인형 몸에게는 필요 없는 음식물 섭취, 배변, 수면, 대기 성분이나 기압 등을 이동할 때 고려해야 하는 불편함이 있습니다.

대개 살을 가진 몸은 대기 화학성분의 특별한 조합 없이는 불과 수 분 내 질식사합니다. 2, 3일 후에는 몸의 안팎에 살던 박테리아들이 끔찍한 악취를 내뿜게 만들 것인데, 우주선에서는 어떤 악취도 용납되지 않습니다.

살을 가진 몸은 매우 제한된 온도의 범위 내에서만 견뎌낼 수 있습니다만 우주 공간에서의 온도 차는 단 몇 초 만에 수 백 도씩 온도가 변해 버립니다. 당연히 살을 가진 몸은 군사 임무 수행에는 전적으로 쓸모가 없습니다. 소형 전자식 총 한 방이면 살을 가진 몸은 순식간에 유독 가스 구름으로 변합니다.

살을 가진 몸에 사는 이즈비들은 그들 본래의 능력과 힘을 잃어버렸습니다. 이론상으로 이러한 능력을 되찾아 복구하는 것이 가능하지만 도메인에서 발견했거나 인가한 합리적인 복구 방법은 아직 없습니다.

도메인 우주선이 하룻밤 만에 수조 '광년'을 여행한다고는 해도, 임무 하나를 완료하는 데만 수 천 년이 걸리고 그건 둘째 치고라도 은하와 은하를 횡단하는 데만도 요구되는 시간이 분명히 정해져 있습니다. 살을 가진 생물학적인 몸은 겨우 60년에서 150년의 짧은 시간을 살지만 인형 몸은 거의 무한정 재사용 가능하고 수선할 수도 있지요.

74조 년 전에 생물학적 육체가 이 우주에서 최초로 개발되었습니다. 이즈비 사이에 여러 타입의 생물학적 육체를 만들고 입는 것이 아주 빠른 속도로 유행이 되었는데 이는 여러 가지 비도덕적인 이유 때문이었습니다. 주로 육체를 통해 간접적으로 물리적 감각들을 경험하며 여흥을 즐기려고 한 것입니다.

이후 생물학적 육체에 관계된 이즈비들 사이에 '퇴화'가 계속되었습니다. 이즈비들이 이런 육체들을 계속 가지고 놀자 다시는 떠날 수 없도록 이즈비를 육체 안에 가두게 만드는 일부 함정들이 도입되었습니다.

이 몸은 견고해 보이도록 만드는 것을 우선으로 했지만 실제로는 매우 허술합니다. 에너지를 창조하여 그들 본래의 힘을 사용하는 한 이즈비가 다른 몸과 접촉하면서 우연히 몸에 상처를 냈습니다. 그 이즈비는 이 허술한 몸에 상처를 입힌 것을 무척 후회했지요. 다음 번에 그런 몸과 맞닥뜨리게 되었을 때 그들은 그 몸이 다치지 않도록 '조심조심'하게 됩니다. 이렇게 하면서 그 이즈비는 몸에 상처를 입히지 않으려고 자신의 고유한 힘을 쓰는 데 자주 움츠러들거나 아예 힘을 쓰지 않으려고 합니다. 이런 속임수의 오랜 기만의 과정과, 비슷한 불운한 사고들이 얽히면서 결국 수많은 이즈비들이 영원히 몸에 갇히는 결과를 낳았습니다.

말할 필요도 없이 다른 이즈비를 노예로 만드는 이러한 상황이 이익이 되는 일부 이즈비들에게 이것은 수익을 내는 대규모 사업이 되었습니다. 이런 식의 노예화는 수 조년에 걸쳐 진행이 되었고 오늘날까지도 계속되고 있습니다. 자유를 누릴 수 있는 개인 신분을 유지하는 능력과 에너지를 창조하는 능력의 감소는 궁극적으로 계층 혹은 계급 제도를 방대하고 철저하게 보호하는 결과로 이어졌습니다. 몸을 계급의 상징으로 쓰는 방식은 도메인만이 아니라 구제국에서도 널리 쓰였습니다.

은하계 전체 이즈비의 대다수가 몇 가지 형태의 살을 가진 몸에 살고 있습니다. 이들 몸의 구조나 외관, 기능, 거주지는 그들이 사는 행성의 중력과 대기, 기후 조건에 따라 다양합니다. 육체 타입은 대체로 행성 궤도에 있는 항성의 유형과 크기, 항성까지의 거리, 행성의 대기 구성요소는 물론 지질학적 구성요소로도 미리 결정됩니다.

일반적으로 이러한 항성들과 행성들은, 육체 타입을 결정하는 조건들에서 서로 관계하는 상태의 상이점을 변화율로 나타내보면 우주 전체로 봐서 꽤 표준적인 범주에 속합니다. 즉 이런 행성들과 항성들이 관계하는 상태들이 서로 크게 다르지 않다는 것이지요. 예를 들어 지구는 대략 'Sun Type 12, Class 7 planet'으로 분류됩니다. 즉 생물학적 생명체가 살고, 무거운 중력, 질소/산소 대기를 가진 행성이고, 단일하고 노란색, 중간 크기, 저복사(低輻射) 태양 혹은 'Type 12 star'에 근접해 있다는 말입니다. 영어는 천문학적 명명에 엄청난 한계가 있기 때문에 적절한 명칭으로 정확하게 번역하기는 어렵습니다.

생명체는 해변가의 모래알만큼 다양합니다. 74조년이란 세월이 흐르는 동안 그 무수한 모든 행성계에 'Bugs & Blossoms'과 같은 생명 공학 회사 수 백만 개가 만들어낸 생물과 육체의 종류들이 얼마나 무수히 많을 지 당신은 상상할 수 있을 것입니다.

마틸다 오도넬 맥엘로이 여사의 개인적인 메모

에어럴이 '이야기'를 마치자 이 모든 것들로 인한 마음 속의 혼란스러움이 나를 긴 침묵 속에 멈춰 있게 했습니다. 밤새 에어럴이 공상과학이나 판타지 소설을 읽었나? 에어럴은 왜 나한테 이렇게나 터무니 없는 말들을 늘어놓는 걸까? 키 40인치에 손가락 발가락이 세 개뿐인 회색피부의 외계인이 내 눈 앞에 앉아 한 이야기가 아니라면 나는 단 한 마디도 믿으려 들지 않았을 것입니다.

에어럴이 이런 정보들을 내게 준지 60년이 흐른 지금에 와서 돌이켜보면, 에어럴이 말해 줬던 생명 공학 기술 일부를 바로 이 시점 지구에서 지구 의사들이 개발하기 시작하고 있습니다. 심장 우회술(heart bypasses), 생물 복제(cloning), 시험관 아기, 장기 이식술, 성형 수술, 유전자, 염색체 등등.

한 가지 분명한 것이 그리고 나서부터는 창세기에 대한 내 종교적 믿음은 말할 것도 없고 벌레 한 마리 꽃 한 송이를 내가 예전처럼 보지 않게 되었다는 것입니다.

Chapter 12.
과학 수업

과학 수업

마틸다 오도넬 맥엘로이 여사의 개인적인 메모

이 인터뷰 필기본은 에어럴이 한 말 그대로입니다. 내가 더 덧붙일 수 있는 말은 없습니다. 필기본에 다 있습니다.

공식 인터뷰 필기본

극비 사항
미 공군 공식 필기본
로스웰 공군 기지 509 포격 사단
주제: 외계인 인터뷰 1947년 7월 29일 1차 세션

"오늘 에어럴은 아주 기술적인 것들에 관해 이야기를 해주었습니다. 나는 최대한 그녀가 한 말 그대로 반복할 수 있게 잘 기억하려고 메모를 했습니다. 그녀는 과학적 지식에 대한 유추로 이야기를 시작했습니다"

만약 요하네스 쿠텐베르그, 아이작 뉴턴, 벤자민 프랭클린, 조지 워싱턴 카버, 니콜라 테슬라, 조너스 소크 그리고 리처드 트레비식 같은 천재나 발명가들 수 천명이 지금 살아있다면 지구가 얼마나 많이 발전했을 지 당신은 상상할 수 있겠습니까?

이런 사람들이 죽지 않았다면 얼마나 많은 과학 기술 분야의 업적들을 이루어냈을 지 한번 상상해 보십시오. 그들이 자신들이 아는 모든 것을 잊게 만든 기억 삭제 요법을 받지 않았다면 어땠을까요? 그들이 영원히 배우고 연구했다면 또 어땠을까요? 이들과 같은 불멸의 영적 존재가 같은 장소 같은 시간대에서 수십 억년 수조 년 동안을 계속 창조하도록 허용되었다면 그들이 이루어냈을 과학기술과 문명의 수준이 과연 어느 정도일까요?

본질적으로 도메인은 비교적 중단 없이 진보하며 수 조년을 존재해 온 하나의 문명입니다. 거의 모든 연구 분야에서 상상을 초월할 정도로 지식을 축적하고 정제하고 향상시켜 왔습니다.

최초에는 이즈비들의 환상과 창안물들이 상호작용하며 물질 우주-소우주와 대우주-의, 그야말로 뼈대를 창조했습니다. 모든 우주의 단일 입자는 이즈비가 상상했고 실재하도록 만들어 왔습니다. 모든 것은 우주 공간에서 무게도 크기도 위치도 없는 생각 즉 아이디어로 만들어진 것입니다.

과학 수업

가장 작은 크기의 아원자 입자에서부터 태양 내지 마젤란 성운의 크기나 많은 은하수들 크기에 이르기까지 우주에 있는 모든 먼지 알갱이는 생각의 무(無)에서 창조되었습니다. 가장 작은 개개 세포들조차도 미생물 존재로서 감각을 느낄 수 있고 무한히 작은 공간에서도 방향을 찾을 수 있도록 꾀하고 조정했습니다. 이것 역시 이즈비가 생각해낸 아이디어에서 비롯된 것입니다.

당신들, 지구에 사는 모든 이즈비들은 이 우주 창조에 참여해 왔습니다. 지금 당신이 비록 살로 만들어진 취약한 육체에 국한되어 있을지라도, 당신이 비록 당신이 사는 행성이 항성 주위를 65번 도는 만큼의 짧은 시간 동안밖에 살지 못할지라도, 당신의 기억이 완전히 삭제 당하는 저항할 수 없는 전자 충격 요법을 당했을지라도, 새로운 생을 살 때마다 모든 것을 새로이 배워야 할지라도, 이런 모든 상황에도 불구하고 당신은 여전히 당신이고 앞으로도 항상 당신일 것입니다. 또한 저 깊은 곳에서 당신은 당신이 누구이고 당신이 아는 것이 무엇인지 여전히 알고 있습니다. 당신은 늘 당신 본질 그대로입니다.

그렇지 않으면 당신은 신동을 달리 어떻게 이해할 건가요? 정규 교육을 받지 않고 태어난 지 3년밖에 되지 않은 이즈비가 피아노 협주곡을 연주하는 것은요? 불가능합니다. 그들이 말로 다하지 못할 엄청난 시간 속에서 혹은 저 머나먼 행성에서 수천 생(生)동안 피아노 건반 앞에서 이미 배운 것을 기억해내는 것이 아니라면 말이지요. 그들은 아마 모를 겁니다. 자신이 어떻게 아는지. 다만 알 뿐이지요.

인류는 앞선 2000년의 시간에서보다 최근 100년 동안에 더 많은 과학기술의 진보를 보여주었습니다. 왜 그럴까요? 답은 간단합니다. 모든 인간사와 인간의 마음에 영향을 끼치던 구제국의 영향력이 도메인으로 인해 약화되었기 때문입니다.

지구 창의(創意)의 르네상스는 태양계에 숨어있던 구제국의 우주 함대를 괴멸시킨 서기 1250년에 시작되었습니다. 앞으로 500년 동안 지구는 자주성과 독립성을 되찾을 기회를 가질 수도 있겠지만, 그것은 기억상실 문제를 해결하기 위해 지구에 사는 이즈비들의 응축된 천재성을 얼마나 유효하게 쓸 수 있는가에 달려 있습니다.

그런데 한 가지 짚고 넘어가야 할 점은, 이 행성에 수감돼 있는 이즈비들의 창의의 잠재력이 지구 인류 내 범죄 분자들에 의해 심각하게 손상 당하고 있다는 것입니다. 특히 정치인, 전쟁광 그리고 핵무기 같은 무분별한 무기와 화학물질, 질병과 함께 사회적 혼란을 야기하는 무책임한 물리학자들이 그렇습니다. 이들은 전 지구 생명체를 절멸시킬 잠재적 가능성을 지니고 있습니다.

지난 2년 동안 지구에서 실험하고 사용되었던 폭발들이 비교적 소규모였으나 만일 충분한 양이 투입되기만 하면 그것은 지구상의 모든 생명을 괴멸시킬 수 있습니다. 더 큰 무기들은 단 한 번의 폭발로 지구 대기 중의 모든 산소를 다 소모시킬 수도 있습니다! 그러므로 지구가 과학기술에 의해 파멸되지 않을 것을 보장하기 위해 풀어야만 하는 가장 근본적인 문제는 사회적이고 인도주의적 문제들입니다. 수학과 과학기술의 천재성에도 불구하고 가장 위대한 지구의 과학 정신은 아직 한번도 이러한 문제를 심각하게 다루지 않았습니다.

그러니 과학자들이 지구나 인류의 미래를 구할 거라고 기대하지 마십시오. 존재가 오로지 공간 여기저기서 움직이는 에너지와 물질만으로 이루어졌다고 보는 패러다임에 기초한, 소위 '과학'이라 불리는 그 어떤 것도 과학이 아닙니다. 그런 자들은 개별 이즈비들의 독창적이고 고유한 창조의 불꽃, 그리고 물리적 우주와 더불어 모든 우주를 지속적으로 창조하는 이즈비들의 집단적인 공동 작업에 대해서는 완전한 백지상태입니다. 모든 창조와 생명을 타오르게 하는 영적 불꽃의 상대적인 중요성을 평가절하하거나 누락시키는 수준에 머무는 한, 모든 과학은 여전히 무력하고 파괴적인 채로 남게 될 것입니다.

이러한 무지는, 이 행성에 사는 이즈비들이 공간, 에너지, 물질과 시간 그리고 그 외 우주의 구성요소들을 창조할 수 있는 내재된 능력을 절대 회복하지 못하도록 구제국이 인류에게 매우 세밀하고 강압적으로 주입해 놓은 것입니다. 불멸의 강력한 영적 '자신'을 자각하고 깨어나지 못한다면 인류는 자멸하여 완전히 잊혀지는 그 날까지 감옥에 갇혀 있게 될 것입니다.

당신이 향을 태우는 무당이 외우는 주문을 믿지 않듯이, 근본적인 창조의 힘을 지배하기 위해 물리 과학의 도그마에 의존하는 일이 없도록 하십시오. 과학과 무당, 이 둘의 최종적인 결과는 망각과 함정에 빠진 상태입니다. 과학자들은 관찰하는 척하지만 그들은 보는 것만 보고 그것을 사실이라고 말합니다. 장님이 그렇듯 과학자도 자신이 앞이 보이지 않는다는 사실을 깨닫기 전까지는 보는 법을 배울 수가 없습니다. 지구의 과학에서 말하는 '사실'에는 창조의 근원을 포괄하고 있지 않습니다. 오로지 창조의 결과와 그 부산물만 포함하지요.

과학에서 말하는 '사실'은 거의 무한에 가까운 존재의 경험에 대한 그 어떤 기억도 포함시키지 않습니다. 창조와 존재의 본질은 현미경이나 망원경에 달린 렌즈 내지 물리적 우주의 여타 측정방법을 통해 발견될 수 있는 것이 아닙니다. 꽃의 향기나 버림받은 연인의 고통을 계량기나 캘리퍼스(역주: 자로 재기 힘든 두께나 지름 따위를 재는 도구)로 파악할 수는 없지요.

신의 창조적 힘이나 능력에 대해 당신이 알게 될 모든 것은 불멸의 영적 존재인 당신 내면에서 찾을 수 있습니다. 어떻게 앞을 보지 못하는 사람이 빛의 스펙트럼을 구성하는 거의 무한에 가까운 변화의 흐름을 보도록 다른 이를 가르칠 수 있겠습니까? 이즈비의 본질에 대한 이해 없이 우주를 이해할 수 있다고 말하는 것은, 화가를 그의 캔버스에 있는 물감 얼룩으로 이해하는 거와 똑같이 터무니없고 우스꽝스러운 일입니다. 발레 슈즈에 달린 끈을, 발레 안무가의 비전이다, 발레리나의 우아함이다, 개막 첫날의 짜릿한 흥분이다 라고 우기는 것처럼 말입니다.

영에 대한 연구는 이제껏 구제국이 인간의 마음에 심어놓은 종교적 미신을 통한 생각 제어 효과에 의해 겉모습은 멀쩡하지만 건드리면 터지는 폭탄 같은 것이었습니다. 역으로 말하면 영과 마음에 관한 연구는 물리 우주 내에서 측정 불가능한 것들은 모두 무시하고 제외하는 과학에 의해 금지 당해온 것이지요. 과학은 물질의 종교입니다. 과학은 물질을 숭배합니다.

과학의 패러다임에서는 창조된 것이 전부이고 창조주는 아무것도 아닙니다. 종교는 창조주가 전부이고 창조된 것은 아무것도 아니라고 말하지요. 이 두 극단은 바로 감옥의 쇠창살입니다. 과학과 종교는 상호작용하는 전체로서의 모든 현상들을 관찰하고 주시하지 못하도록 막습니다. 창조의 근원인 이즈비에 대한 이해 없이 창조를 연구한다는 것은 헛

되고 무익한 일입니다. 과학이 생각하는 우주의 가장자리를 항해하다 보면 당신은 분명 어둡고 냉정한 공간과 생명 없는 무자비한 힘의 심연 속으로 빠지고 말 것입니다. 지구에서는 당신이 혹여 미신의 둑을 박차고 모험을 감행하기라도 하려면, 마음과 영의 바다라는 곳은 그런 당신을 산 채로 잡아 먹을 섬뜩하고 잔인한 괴물이 잔뜩 기다리고 있는 무서운 곳이라는 끔찍한 말로, 당신은 늘 설복당해 왔지요.

구제국 감옥 시스템의 최대 관심사는 어떻게든 당신이 당신 자신의 혼을 보지 못하도록 막는 것입니다. 그들은 당신의 기억이 되살아나 당신을 가둬두고 있는 노예주인을 알아볼까 두려워하고 있습니다. 감옥은 당신 마음의 그림자로 만들어져 있습니다. 그 그림자는 거짓과 고통, 상실, 두려움으로 만들어져 있고요.

문명의 진정한 천재는 다른 이즈비들이 그들의 기억을 회복하고 자기 실현과 자기 결정권을 되찾도록 해줄 수 있는 이즈비들입니다. 이는 행동에 엄격한 도덕적 규율을 강제하거나 미스터리, 신앙, 마약, 총기 그 외 노예사회에 필요한 다른 도그마들을 앞세워 존재를 통제한다고 해서 되는 것이 아닙니다. 전기 충격이나 최면 명령 주입을 통해서는 더더욱 아닙니다!

지구와 지구에 사는 모든 존재들의 생존은 당신이 자신의 본질을 되찾고 무한의 세월 속에서 획득한 기술을 다시 기억해낼 수 있는가에 달려 있습니다. 예술, 과학 혹은 과학 기술 같은 것은 절대 구제국이 생각해낸 것들이 아닙니다. 그렇지 않았다면 그들 구제국은 현재 지구에서 당신이 처해 있는 상태로 당신을 이끈 그 '해결책'에 호소하지 않았을 것입니다. 그러한 과학기술은 도메인이 개발한 것도 아닙니다. 최근까지 기억 상실 상태의 이즈비에 대한 갱생의 필요성을 느끼지 못했습니다. 그래서 아무도 이 문제를 풀려고 덤비지 않았지요. 안타깝지만 지금까지도 도메인은 그에 대한 해법을 갖고 있지 않습니다.

도메인 원정대 소속 몇 명의 장교들이 그들의 근무 외 시간에 독자적으로 지구에 과학기술을 전하려고 했습니다. 이들 장교들은 우주 통제부에 그들의 '인형 몸'을 두고 이즈비로 지구에 와 생물학적 몸을 마음대로 자기 것으로 만들어 입거나 인계 받아 입었습니다. 한 장교는 동시에 다른 몸에 살고 두 몸을 통제하면서 우주에서 임무를 계속하기도 했습니다.

이런 일은 아주 위험하고 대담한 일입니다. 임무를 완수하고 성공적으로 기지로 귀환할 수 있다면 그는 아주 유능한 이즈비입니다. 최근에 자신의 공식적인 임무를 계속 하면서 이 일을 해낸 한 장교는 지구에서 니콜라 테슬라라는 이름으로 알려져 있는 전기 발명가입니다.

내게 주어진 임무는 아니지만 지구에서 과학적 인도주의적 진보를 성취하기 위해 노력하는 당신들을 도우려는 것이 내 취지입니다. 내 계획은 그들 스스로를 돕는 이즈비들을 돕는 것입니다. 지구에서 기억 상실의 문제를 해결하기 위해서는, 기억 상실로부터 이즈비의 마음을 자유롭게 하고 육체로부터 이즈비를 해방시킬 과학 기술 발전과 연구를 위한 충분한 시간이 허용되는 사회적 안정뿐만 아니라 좀 더 충분히 발전된 고도의 과학기술이 당신들에게는 필요할 것입니다.

비록 도메인이 지구가 유용한 행성이라 보존하기 위해 오랫동안 관심을 기울여 오긴 했으나, 지구 인류에 대해서는 이 곳 도메인 대원들보다 더 특별한 관심을 가진 것은 아니었습니다. 우리는 전 지구적 생물

권(生物圈), 수권(水圈), 대기권(大氣圈)의 인프라를 뒷받침할 과학기술 발전의 가속화뿐만 아니라 파괴를 막아내는 데에도 주의를 기울여 왔습니다.

지구에는 아직 존재하지 않는 광범위하고 다양한 과학기술로 만들어진 우리 우주선을 찬찬히 잘 검토해보면 당신들은 우리의 이러한 목적을 알게 될 것입니다. 가령 이 우주선 부품들을 연구 목적으로 여러 과학자들에게 배포하면 그들은 우주선 구성요소 중 복제가 필요하고 그것을 만들 원자재가 지구에 존재하는 범위 내에서 가능한 몇 가지 과학기술로 역추적하여 설계 제작할 수 있을 것입니다.

몇 가지 특징적인 것들은 전혀 해독이 불가능할 것입니다. 다른 것들은 또 그것들을 복제하는 데 필요한 천연 자원이 지구에 없기 때문에 모방할 수 없을 것입니다. 특히 우주선을 건조하는 데 사용된 금속이 그러한데, 이 금속은 지구에 존재하지 않을뿐더러 이런 금속을 생산하기 위한 제련 공정을 발전시키기까지는 아마 수십 억년은 족히 걸리리라 생각합니다.

그리고 자신의 고유한 파장을 우주선의 '신경 회로망'에 정확하게 동조시키는 이즈비를 통해 작동하는 항법 시스템 역시 그렇습니다. 우주선 조종사는 그러한 우주선을 조작할 수 있도록 아주 높은 수준의 에너지 조절 능력과 기강, 훈련, 지성을 반드시 갖추어야 합니다. 이러한 전문 기술을 가지려면 그에 맞게 특별히 제작된 인공적인 몸을 사용해야 하므로 지구 이즈비들에게는 그러한 기술 습득이 불가능하지요.

특정 지구 과학자 몇몇은 우주 역사상 가장 뛰어난 수재들이어서 우주선 구성 요소들을 검토하는 과정에서 이 과학기술에 대한 그들의 기억이 살아날 것입니다. 마치 일부 지구 과학자나 물리학자들이 발전기, 내연 기관과 증기 기관, 냉장 기술, 항공기, 항생제 그리고 당신들 문명의 기타 도구들을 재창조하는 법을 기억해 낼 수 있었던 것처럼 그들도 역시 내 우주선에서 다른 핵심적인 과학 기술을 재발견할 것입니다.

다음은 유용한 구성요소를 가진 내 우주선을 이루는 특별 시스템입니다.

1) 우주선 벽체에는 통신, 정보 저장, 컴퓨터 기능, 자동 항법 장치 등을 통제 관리하는 데 필요한, 현미경으로 봐야 보일 정도의 아주 미세한 섬유조직의 배선 장치가 내장되어 있습니다.
2) 1)의 배선 장치로 라이트(역주: light, 광속), 서브 라이트(역주: sub-light, 아광속), 울트라 라이트(역주: ultra-light, 초광속) 스펙트럼을 탐지하고 시야를 확보합니다.
3) 우주선 내부 인테리어에 사용된 섬유는 현재 지구상의 그 어떤 섬유보다도 탁월하며 수백 혹은 수 천 가지 특정 용도를 가지고 있습니다.
4) 또한 당신은 에너지 형태로서의 빛의 입자나 파동을 만들고 증폭시키고 채널링(역주: 물리학 용어, 가속된 입자나 이온이 원자로 등에서 매질(媒質)을 투과할 때 결정 격자 사이를 통과하는 능력)하는 장치도 발견할 것입니다.

도메인의 장교이자 파일럿, 엔지니어로서 나는 어떤 방법으로든, 우주선의 구성과 상세한 작동기술에 대해 지금 내가 밝힌 것보다 더 이상

자세하게 전달해 줄 재량권을 가지고 있지 않습니다. 그러나 내가 준 정보를 자원으로 해서 유용한 과학 기술을 발전시킬 아주 유능한 과학 기술자가 지구에 있다고 나는 확신합니다.

  나는 도메인에게 더 많은 유익이 따르리라는 믿음에서 당신에게 이러한 상세한 정보를 제공하고 있습니다.

Chapter 13.

불멸성

불멸성

마틸다 오도넬 맥엘로이 여사의 개인적인 메모

나는 이 필기본이 충분히 자명하다고 봅니다.

공식 인터뷰 필기본

극비 사항
미 공군 공식 필기본
로스웰 공군 기지 509 포격 사단
주제: 외계인 인터뷰 1947년 7월 30일 1차 세션

내가 편의상 이즈비라 지칭하는 불멸의 영적 존재들은 환영(illusion)의 근원이자 창조주입니다. 그들 본래의 자유로운 상태로, 개별적으로 또한 집단적으로 그들 각각은 전지 전능한 영원의 존재입니다.

이즈비들은 위치를 상상함으로써 공간을 창조합니다. 상상한 위치와 그들 사이에 있는 거리가 공간이라 부르는 그것입니다. 이즈비는 다른 이즈비에 의해 창조된 공간과 물체를 감지할 수 있습니다.

이즈비들은 물질 우주의 존재들이 아닙니다. 그들은 에너지와 환영의 근원입니다. 이즈비들은 공간과 시간에 자리잡고 있는 것이 아니라, 공간을 창조할 수 있고 공간에 입자를 둘 수 있고 에너지를 창조할 수 있고 그리고 다양한 형체로 입자를 빚을 수 있고 그 형체의 움직임을 일으켜 그 형체들이 살아 움직이게 할 수 있습니다. 이즈비에 의해 살아 움직이게 된 어떤 형체라도 그것은 생명이라 부릅니다.

이즈비는 공간이나 시간 안에 위치를 잡는 것에 동의하고 결정할 수 있고, 또 그들이, 그들 스스로가, 그들 자신에 의해 혹은 또 다른 이즈비에 의해 혹은 많은 다른 이즈비들에 의해 창조된 다른 종류의 환영이거나 물체입니다.

환영을 창조하는 어려움은 환영이 지속적으로 창조되어야 한다는 점입니다. 만약 지속적으로 창조되지 않으면 그것은 사라집니다. 환영의 지속적인 창조는 그것을 지탱하기 위해 환영의 모든 세세한 부분에까지 주의를 지속적으로 기울이지 않으면 안 됩니다.

이즈비의 공통 분모는 지루함에서 벗어나고 싶어하는 욕망 같습니다. 다른 이즈비와의 상호작용, 예측하지 못한 움직임이나 드라마 그리고 기대 밖의 의도와 다른 이즈비에 의해 창조된 환영이 없으면, 한 이즈비 단독으로는 쉽게 지루해 합니다.

　당신이 어떤 것이든 상상할 수 있고 그 모든 것을 인지하고 마음대로 그것이 일어나도록 만들 수 있다면 어떻겠습니까? 만약 당신이 아무 것도 할 수 없다면 어떻겠습니까? 만약 당신이 모든 질문에 대한 답을 그리고 모든 게임의 결과를 항상 알고 있다면 어떻겠습니까? 지루하지 않을까요?

　이즈비가 지나온 시간 전체를 되돌린 것은 물질 우주 시간으로는 측정이 불가능할 정도로 깁니다. 그 기간은 거의 무한입니다. 이즈비에게는 '시작' 혹은 '끝'을 가늠하는 것이 불가능합니다. 그들은 그저 그냥 영원한 지금 속에서 존재할 뿐입니다.

　이즈비의 또 다른 공통 분모는 다른 이가 자신이 창조한 환영에 찬사를 보내 주길 바란다는 것입니다. 만약 바랐던 찬사를 듣지 못하면 이즈비는 찬사를 얻기 위해 환영을 계속 창조할 것입니다. 전 물질 우주는 찬사 받지 못한 환영들로 만들어졌다 할 수 있습니다.

　이 우주의 기원은 각각 환영의 공간을 창조하면서 시작되었습니다. 이것들은 이즈비의 '고향'입니다. 어떤 우주는 둘 혹은 그 이상의 이즈비가 합작하여 창조한 환영입니다. 이즈비들과 그들이 창조한 우주의 확산으로, 때때로 많은 이즈비가 공동 창조한 우주를 분배까지 할 정도로 충돌하고 어우러지고 뒤섞입니다.

　그들은 게임을 위해 자신들의 능력을 약화시킵니다. 이즈비는 어떤 게임도 없는 것보다 낫다고 생각합니다. 그들은 고통, 괴로움, 어리석음, 궁핍 그리고 원치 않는 모든 환경들을 단지 게임을 하기 위해 참고 견딥니다. 모든 것을 알아도 모르는 척, 모든 것을 보고도 못 보는 척, 모든 것을 일으키면서도 그렇지 않은 척하기는 미지, 자유, 장벽 그리고/혹은 적수, 목표와 같이 게임을 하는 데 필요한 조건을 창조하는 방법입니다. 궁극적으로 지루함이란 문제를 해결하기 위해 그들은 게임을 하는 것입니다.

생명체, 장소, 사건을 포함한 우주의 은하계들, 태양들, 행성들 그리고 이 우주의 물질 현상들은 이런 식으로 이즈비에 의해 창조되어 왔고, 이것들이 존재하는 것에 대한 서로의 동의가, 이 모든 것들을 지탱합니다.

상상하고 건설하고 그들 고유한 연속체 내에 각각 동시에 존재하는 그것들을 인지하는 이즈비 수만큼 많은 우주가 있습니다. 각 우주는, 그것을 창조한 하나의 이즈비 혹은 여러 이즈비들이 상상하고 수정하고 보존하거나 파괴하는 식으로 자체의 고유한 규칙에 따라 창조됩니다. 물질 우주 측면에서 정의하는 시간, 에너지, 사물, 공간은 다른 우주에서 존재할 수도 그렇지 않을 수도 있습니다. 도메인은 물질 우주뿐만 아니라 그런 우주들 중 하나에 존재합니다.

물질 우주의 원칙들 중 하나가 에너지는 창조되지만 파괴되지 않는다는 것입니다. 그래서 이즈비가 거기에 계속 새로운 에너지를 보태면 보태는 대로 확장은 거의 무한대로 계속 계속될 것입니다. 마치 자동차 공장 조립 라인에서 새로운 차가 끊임없이 연달아 나오는데 차는 한번도 파괴된 적이 없는 것과 같지요.

모든 이즈비는 근본적으로 선합니다. 그래서 이즈비는 그들 스스로 경험하기를 원하지 않는 것을 다른 이즈비에게 하는 걸 즐기지 않습니다. 이즈비들에게는 본디부터 옳고 그르고 좋고 나쁘고 추하고 아름답다는 기준이 없습니다. 이러한 개념은 모두 개별 이즈비의 견해에서 나온 것뿐입니다.

　인간이 이즈비를 묘사한다고 하면 가장 근접한 표현이 전지 전능하고 무한한 신이라는 표현일 것입니다. 그러니 신이 어떻게 신이기를 멈출 수 있겠습니까? 그들은 아는 걸 모르는 척합니다. 당신이 다른 사람이 어디에 숨어있는 지 항상 알고 있다면 어떻게 숨바꼭질 놀이를 할 수 있겠습니까?

　당신은 누가 어디 숨었는지 아는 걸 모르는 척합니다. 그래서 당신은 그들을 찾아 나설 수 있습니다. 이런 방식으로 게임이 창조됩니다. 당신은 당신이 그저 '척하고 있다'는 사실을 잊어버립니다. 그러는 과정에서 이즈비는 그들 자신이 만든 미로 안에서 덫에 걸리고 노예가 됩니다.

　어떻게 감옥을 만들어 스스로 감옥 안에 자신을 가두고 잠근 채, 열쇠를 저 멀리 던져놓고서 열쇠나 감옥이 있었는지조차 잊어버리고, 안에 있는지 밖에 있는지, 자기 자신이 있는지조차 잊어버릴 수가 있을까요? 우주 전체가 진짜이고 다른 우주는 존재하지도 창조될 가능성도 없다는, 환영이 없다는 환영을 창조하라.

　지구에서는, 책임은 신들에게 있고 인간은 그렇지 않다고 떠들고 거기에 의견을 같이해 왔습니다. 당신은 오직 신만이 우주를 창조할 수 있다고 배웠습니다. 그래서 모든 행위의 책임은 다른 이즈비 혹은 신의 몫이었습니다. 결코 자신의 몫은 아니었지요.

　어느 인간도 그들이, 그들 자신이 -개별적으로 그리고 집단적으로- 신이라는 사실에 대해 개인적 책임을 지려고 하지 않았습니다. 모든 이즈비를 함정에 빠트리는 소스는 이 사실 하나만으로도 충분합니다.

Chapter 14.
미래 수업

미래 수업

마틸다 오도넬 맥엘로이 여사의 개인적인 메모

이 필기본 역시 이 자체로 자명하다 생각합니다. 나는 가능한 한 충실하게 에어럴이 한 말을 정확하게 전달했습니다. 내 상관은 이 인터뷰에서 언급되었던 가능한 군사적 영향에 대해 상당히 불안해 했습니다.

공식 인터뷰 필기본

극비 사항
미 공군 공식 필기본
로스웰 공군 기지 509 포격 사단

주제: 외계인 인터뷰 1947년 7월 31일 1차 세션

진리가 정치, 종교, 경제적 편의를 위해 희생되어서는 안 된다는 것이 내 개인적인 믿음입니다. 도메인의 장교이자 파일럿, 엔지니어로서 도메인의 재산과 더 큰 이익을 보호하는 것이 내 임무입니다. 그러나 우리는 우리가 인지하지 못하는 세력에 대항해 우리자신을 방어할 수는 없습니다.

지구를 제외한 전 문명에서 지구가 고립되어 있는 상태라 내가 이 시점에서 당신과 많은 주제를 가지고 이야기하는 데에는 제약이 있습니다. 안보와 외교 의례상 나는 도메인의 계획과 활동에 관해 광범위하고 일반적인 진술밖에 할 수가 없습니다. 하지만 나는 당신들에게 유용할지 모를 몇 가지 정보는 줄 수 있습니다.

나는 이제 '우주 통제부'에서 내가 맡은 직책으로 돌아가야 합니다. 나는 도메인 부대의 장교이자 파일럿, 엔지니어로서 주어진 내 직책의 요건과 제약을 따르면서, 윤리적으로 해도 된다고 판단되는 선에서 최대한 많은 도움을 제공했습니다. 그래서 나는 앞으로 24시간 이내에 이 즈비로서 지구를 떠날 것입니다.

(편저자 주: 다음 몇 개의 단락들은 에어럴과의 인터뷰에 관해 맥엘로이 여사가 속기사에게 한 개인적인 코멘트로 보인다)

"이 말은 에어럴이 타고 온 우주선이 복구 불가능할 정도로 망가졌기 때문에 그녀가 우리와 그녀의 인형 몸을 두고 떠날 것이라는 뜻입니다.

우리는 그녀의 인형 몸을 시간을 가지고 여유롭게 조사하고 해부하고 연구할 수 있습니다. 에어럴에게는 필요에 따라 쓸 수 있는 다른 몸이 이미 준비되어 있기 때문에 그 인형 몸에 더 이상 쓸모도 사적 감정이나 애착도 없습니다.

하지만 에어럴이, 지구 과학자들이 그녀의 인형 몸에서 찾을 유용한 과학 기술을 특정하여 제시한 것은 아닙니다. 인형 몸에 관련한 기술은 간단하지만 아직 우리 공학자들이 현재의 실력으로 그것의 한 측면을 밝히거나 분석해서 그것을 평가할 수 있는 범위를 훨씬 넘어서서 방대합니다. 그 몸은 생물학적인 것도 기계적인 것도 아닌, 지구 타입의 행성에서는 찾아볼 수 없는 고대 기술로 만들어진 독특한 물질 구성입니다.

앞에서 에어럴이 언급했듯이, 수많은 세월 동안 한결같고 늘 굳건해 왔던 도메인에는 아주 엄격하고 독특한 사회, 경제, 문화적 계급과 계층이 존재합니다. 이즈비 장교들에게 할당된 육체 타입과 기능은 지위, 계급, 근속 연수, 훈련 수준, 지휘 계급, 복무 기록 그리고 계급장처럼 이즈비가 개인적으로 받은 표창장을 기준으로 분명하게 다릅니다. 에어럴이 사용했던 몸은 그녀의 지위와 계급인 장교, 파일럿, 엔지니어에 맞게 특별히 제작된 것입니다. 사고로 망가진 그녀 동료들의 몸은 에어럴의 지위와 계급과 같은 것이 아닌 아래 급입니다. 그래서 외관, 특징, 몸의 구성과 기능성이 그들 임무와 요건에 맞게 한정되어 있고 전문화되어 있습니다.

추락 사고로 손상된 몸을 입었던 아래 급 장교들은 그들 몸을 떠나 우주 통제부의 그들 임무로 복귀했습니다. 그들 몸이 손상되었던 첫째 이유는 그들 계급이 낮았기 때문입니다. 그들이 사용한 몸은 부분적인 생체라 내구성이나 회복력 면에서 에어럴 몸보다 떨어졌습니다."

(편저자 주: 여기서 필기본은 에어럴의 말로 다시 돌아간 듯하다)

도메인은 구제국의 잔당들이 발견된다면 그 곳이 어디든 그들의 작전 활동을 퇴치하는 데 주저함이 없겠지만 이는 이 은하에서 해야 할 도메인의 주요 임무는 아닙니다. 종국에는 구제국의 마인드 컨트롤 프로그램을 퇴치하고 무력하게 만들 수 있다고 나는 확신합니다만 지금 이 시점에서 그 작전의 규모를 전혀 모르는 것처럼 이 일을 완수하는데 얼마만한 시간이 걸릴 지 또한 알 수 없습니다.

구제국의 전자 스크린이 적어도 이 은하 끝까지 커버하고도 남을 정도로 광대하다는 것을 우리는 압니다. 또한 각 동력원(動力源)과 함정 장치의 탐색, 위치정보 확보, 파괴하는 일이 얼마나 어려운지 경험을 통해 알고 있지요. 이러한 시도를 위해 자원을 투입하는 일 역시 현재 도메인 원정대가 해야 할 임무는 아닙니다.

이러한 장치와 시설들을 최종적으로 파괴하면 당신들 기억이 회복되는 것이 가능할 지 모릅니다. 생이 끝난 후 기억을 지우지 않는 것만으로도 간단하게 회복이 가능할 지도 모르지요. 다행스러운 것은 이즈비의 기억이 영원히 지워질 수 없다는 점입니다.

이 지역에는 다양한 비도덕적 활동을 지지하는 활발한 우주 문명이 많이 있는데, 중요한 것은 이들이 쓸모 없는 이즈비들을 지구에 버린다는 것입니다. 이런 짓이 도메인에 적대적인 행위라거나 도메인이 심하게 반대하는 것은 아닙니다. 그들은 도메인에게 도전할 만큼 어리석지 않습니다!

　도메인의 대부분은 지구 자체 내 자원이 영구적으로 손상되지 않도록 보존하는 것 외에 지구행성이나 지구인들에게는 전혀 관심이 없습니다. 은하의 이 구역은 도메인에 합병되었고 현재 도메인의 재산이므로 이 구역은 도메인이 최적이라 생각되는 방식으로 활용하거나 처리할 것입니다. 지구의 달과 소행성대는 도메인 부대의 영구적인 작전 기지로 삼았습니다.

　너무나 당연한 일이지만 이 태양계에서 이루어지는 도메인의 활동에 대해 지구인이나 그 외 누구라도 참견하거나 방해하는 시도가 있다면 -설사 그것이 가능할 지라도 절대로 안 되는 일- 도메인은 신속히 대응하여 차단할 것입니다. 이는 그리 심각하게 고려할 문제는 아닙니다. 앞에서도 언급했듯이 호모 사피엔스는 열린 우주에서 활동 자체가 불가능하기 때문이지요.

　물론 우리는 수십 억년간 예정되어 있던 도메인 장기 확장 계획의 다음 단계로 계속 진행할 것입니다. 도메인은 우주 전체에 도메인 문명을 전파하고 이 은하의 중심을 향해 계속 전진할 예정이므로 향후 5000년 동안 도메인 부대의 이동과 활동량은 증가할 것입니다.

　인류가 살아남으려면 현재 당신들 존재가 처해있는 어려운 여건을 풀 효과적인 해법을 찾기 위해 서로 협력해야 합니다. 또한 인류는 한낱 생물학적 몸뚱이에 불과하다는 개념을 초월하기 위해서는 자신들이 현재 어디에 있고 자신들은 이즈비이고 그리고 진정 이즈비로서 자신들이 누구인지 알아 자신들이 갖고 있는 인간의 형체를 넘어서서 일어나야 합니다. 이러한 깨달음이 있어야만이 당신들이 처한 이 수감상태를 벗어날 수 있을 것입니다. 그렇지 않으면 이즈비에게 지구에서의 미래는 없습니다.

　현재 도메인과 구제국 간의 활발한 전투나 전쟁상황이 진행 중에 있지는 않지만, 여전히 생각 제어 시스템 작동을 통해 구제국은 지구에 은밀한 비밀 작전을 시행하고 있습니다. 이러한 작전 활동이 존재한다는 것을 안다면 그 활동들의 결과가 명백히 관찰될 수 있습니다. 이러한 인류에 적대적인 활동의 뚜렷한 사례 대부분은 갑작스러운 사고나 불가해한 행동의 형태로 찾아볼 수 있습니다. 가장 최근에 일어난 사례가 진주만 공격 전 미군 내에서 일어났습니다.

　진주만 공격이 있기 3일 전, 진주만에 있던 모든 전함을 항구로 집합시키고 점검을 위해 모든 작업을 중단하라는 상부의 명령이 떨어졌습니다. 전함의 탄창에 있는 탄약을 모두 빼라는 명령이 있었고, 탄약은 전함 아래에 보관되었습니다. 공격이 있는 날 오후에 두 대의 일본군 항공모함이 진주만으로 곧장 항행(航行)하고 있는 것을 발견했음에도 불구하고 모든 사령관들과 장군들은 파티에 참석했습니다. 이러한 경우 시급히 진주만에 전화로 연락해 전투 발생 위험을 알리고 탄약을 제자리로 돌려 놓고 전함을 바다로 출항시키라고 명령하는 것이 취해야 할 확실한 행동들입니다.

　일본군의 공격이 시작되기 약 6시간 전, 미 해군 전함은 진주만 바로 바깥쪽에서 작은 일본군 잠수함을 침몰시켰습니다. 그런데 이 사건을 보고하기 위해 전화로 진주만에 연락을 취하는 대신, 이 경고 메시지는 극비 암호로 분류되어 약 2시간에 걸쳐 암호처리가 진행되었고 그 후 약 2시간에 걸쳐 다시 암호를 해독했습니다. 진주만에 대한 경고 메시지는 진주만 시간으로 일요일 오전 10시-일본군이 미국 함대를 격퇴시킨 후 2시간이 지난-까지도 도착하지 않았습니다.

어떻게 이런 일이 일어날까요? 이런 명백하고도 처참한 실수에 대해 책임이 있는 사람들을 불러다 이런 행동과 의도를 해명하라고 세워놓고 추궁하면 그들이 자신의 일에 상당히 충실한 인물들이라는 사실을 당신도 알 수 있을 것입니다. 그들은 평소 나라와 국민을 위해 그들이 할 수 있는 최선에 최선을 다하는 사람들이지요. 그러나 갑자기 전혀 모르는 알아차릴 수도 없는 뭔가가 이렇게 있을 수도 설명할 수도 없는 상황으로 끼어듭니다.

구제국 생각 제어 시스템은 좁은 소견을 가진 야비한 족속들의 소그룹에 의해 운영되고 있습니다. 그들은 내버려두면 완벽하게 스스로 잘 해낼 수 있는 이즈비들을 통제하고 파멸시키려는 것 말고는 다른 목적도 목표도 없는 아주 흉악하고 교활한 게임을 하고 있는 것입니다.

인위적으로 만들어낸 이런 종류의 사고들은 마인드 컨트롤 감옥 시스템의 관리자들이 인간들을 강제한 결과입니다. 감옥 관리자들은 지구 이즈비들의 억압적이고 전체주의적인 활동들을 언제나 조장하고 선동할 것입니다. 그러니 수감자들끼리 싸우지 않게 할 이유가 있습니까? 지구 정부를 운영하는 미치광이들에게 힘을 주지 않을 이유가 있습니까? 지구에서 범죄적 정부를 운영하는 자들은 구제국의 은밀한 생각 제어 시스템이 내린 명령을 그대로 잘 보여주는 거울입니다.

이 마인드 컨트롤 시스템이 인류에게 남아 있는 한 인류는 오랫동안 이런 식으로 빛이 차단된 곳에 머무르게 될 것입니다. 그 때까지 지구 이즈비는 계속 다시 태어나고 다시 태어나기를 끊임없이 반복하는 윤회를 벗어나지 못할 것입니다. 인도, 중국, 메소포타미아, 그리스 그리고 로마에서 문명이 태어나고 사라지는 동안 살았던 이즈비, 그 이즈비가 지금 이 시간에도 미국, 프랑스, 러시아, 아프리카 등 전세계에서 몸을 입고 살고 있습니다.

이즈비의 각각의 생 사이에 자신들이 살았던 생이 유일한 새로운 생인 양 새로 시작하기 위해 여기 저기로 다시 돌려 보내집니다. 그들은 고통과 비참함 속에서 그리고 비밀 속에서 완전히 다시 시작합니다.

어떤 이즈비들은 다른 이즈비들보다 좀 더 최근에 지구로 수송되었습니다. 그 이즈비들은 기껏 몇 백 년 밖에 지구에 있지 않아서 그들은 지구의 앞선 문명들에 대한 개인적인 경험이 없습니다. 그들은 지구에 살았던 경험이 없어서 만약에 그들의 기억이 회복되더라도 여기서 살았던 이전의 삶은 기억할 수 없습니다. 하지만 그들은 다른 시간에 다른 행성의 다른 어떤 곳에서 살았던 기억은 해낼 지도 모르지요.

그런가 하면 레무리아가 시작된 날부터 줄곧 이곳에 살았던 이즈비도 있습니다. 어떤 경우가 되든 지구 이즈비가 그들을 포획한 자들이 설치한 전자 덫을 정복하고 기억 상실 사이클을 끊어내 스스로 자유로워지기 전까지는 영원히 지구에 삽니다.

도메인도 지구 인구 내에 도메인 부대원 3000명이 있기 때문에 이 문제를 해결하는 데에 관심을 가지고 있습니다. 그들이 아는 한 우주에서 이전에 이러한 문제를 효과적으로 풀었거나 접해본 적이 없습니다. 그들은 그것이 언제 어디서 가능할 지는 몰라도 그들 이즈비를 지구로부터 해방시키기 위해 계속 노력할 것입니다. 하지만 이 일은 많은 시간과 노력을 들여 전례 없는 과학기술을 발전시켜야 가능한 일입니다.

(편저자 주: 다음 문장은 마틸다 여사의 코멘트입니다)

"이즈비로서 에어릴은 다른 이즈비인 지구인들이 영원한 여생을 되도록이면 즐겁게 보내기를 진심으로 바라는 것 같았습니다."

Chaper 15.

에어럴에게 확인을 요구하다

에어럴에게 확인을 요구하다

마틸다 오도넬 맥엘로이 여사의 개인적인 메모

   속기사에게 에어럴과 한 지난 인터뷰에 대한 상세한 진술을 마치고 얼마 되지 않아 급하게 부대 사령관 사무실로 오라는 호출 명령을 받았습니다. 나는 네 명의 중무장한 헌병의 호위를 받았고, 도착해서는 회의용 테이블과 의자가 배치된 아주 커다란 간이 사무실에 앉아 기다려야 했습니다. 사무실에는 갤러리로 있던 걸 몇 번 봤던 대여섯 명의 고위 관료들이 있었지요. 그 중 몇 명은 유명한 사람들이라 나는 금방 알아볼 수 있었습니다.
   시밍턴 공군 장관(역주: 미국의 경우 참모총장 위에 행정업무만 담당하는 민간인 출신 장관이 있음), 나산 트와이닝 장군, 지미 두리틀 장군, 밴든버그 장군 그리고 노스태드 장군, 이런 사람들이었지요. 나는 그들에게 소개되었습니다.

　사무실에는 찰스 린드버그(역주: 1927년 최초로 대서양 횡단에 성공한 전설의 미국 비행사)도 있어서 나는 깜짝 놀랐습니다. 시밍턴 공군 장관은 린드버그씨가 미 공군 참모 총장의 컨설턴트로 여기 와 있다고 내게 설명해 주었습니다. 방에는 소개 받지 않은 대여섯 명의 다른 사람들도 있었는데, 그 사람들은 정보부 관리나 요원들의 개인 보좌관 같았습니다.

　장관이나 장성들뿐만 아니라 린드버그씨나 두리틀 장군처럼 세계적으로 유명한 사람들한테 이렇게 갑작스럽게 관심을 받고 보니 다른 사람들 눈에 에어럴의 통역관이라는 내 역할이 얼마나 결정적으로 중요한지를 실감하게 되었습니다. 그 때까지도 나는 말초적 감각으로 느끼는 것 외에는 이러한 내 역할에 대해 진정으로 깨닫고 있지 못했습니다. 너무 예사롭지 않은 상황의 특별 임무라 거기에 몰두했기 때문에 알아차리지 못한 것 같습니다. 갑자기 나는 내 역할이 얼마나 엄청나게 중요한 것인지 감을 잡기 시작했지요. 회의에 그 사람들이 나타난 것이 어느 정도는 내게 그 사실을 각인시키기 위한 목적이었던 것 같습니다!

　시밍턴 장관은 아무 문제 없을 테니 긴장하지 말라고 하면서 내게 에어럴이 자신들이 준비한 질문 목록에 대답할 의지가 있겠는지 물었습니다. 그는 자신들이 에어럴의 인터뷰 필기본에서 에어럴이 공개한 비행 접시, 도메인 그리고 많은 다른 주제들에 대해 좀 더 많은 세부적인 정보를 찾아내기 위해 매우 열심이라고 이야기해주었습니다. 물론 그들은 주로 비행 접시 건조나 군사 안보와 관련된 질문에 신경을 썼습니다.

　에어럴이 갤러리들의 의도에 신뢰할 만한 새로운 변화가 보이지 않았기 때문에 답변에 대해서는 전혀 마음이 변하지 않았음을 확신한다고 나는 그들에게 말했습니다. 에어럴이 이미 논할 자유가 있고 의지가 있는 모든 것들은 다 말했기 때문이라고도 덧붙였습니다. 그럼에도 불구하고 그들은 그녀가 질문에 답변할 것인지 다시 에어럴에게 물어보라고 고집했습니다. 그리고 여전히 대답하기를 거부한다면 혹시 '통역'한 인터뷰 필기본 사본을 읽어볼 생각은 있는지 내가 에어럴에게 물어봐야 한다고 했습니다. 그들은 에어럴이 인터뷰의 통역이나 인터뷰에 대한 내 이해가 정확하다고 입증해 줄 것인지 알고 싶어했습니다.

에어럴이 영어를 유창하게 읽을 수 있었기 때문에 에어럴이 필기본을 읽고 거기에 적힌 것들이 맞는지 확인하는 동안 자신들이 에어럴을 관찰해도 좋은지도 물어보았습니다. 그들은 에어럴이 그것을 읽고 통역이 맞는지 틀렸는지 필기본 상에 표시해주고 정확하지 않은 부분은 메모로 보충해 주길 바랐습니다. 물론 나는 그들에게 복종하는 것 외에 선택의 여지가 없었지요. 나는 장관이 시키는 그대로 했습니다.

나는 서명란이 딸린 필기본 사본을 받았고 내가 그것을 에어럴에게 보여줘야 했습니다. 에어럴이 검토를 마치면 그녀가 수정한 것을 포함해서 필기본의 통역이 전부 제대로 되었다는 것을 증명하도록 표지 서명란에 에어럴이 직접 서명하도록 요청하라는 지시를 받았습니다.

한 시간쯤 후에 나는 장성들(린드버그씨도 함께 있었을 겁니다)과 그 외 여러 사람들로 구성된 갤러리들이 옆방 편면거울을 통해 지켜보는 가운데 지시대로 서명란이 있는 인터뷰 필기본 사본을 가지고 인터뷰 룸으로 들어갔습니다. 나는 에어럴한테서 4,5피트 정도 떨어진 자리, 늘 내가 앉던 의자로 갔습니다. 나는 에어럴에게 필기본이 든 봉투를 보여주고 텔레파시로 장관에게 받은 지시사항들을 전달했습니다. 에어럴은 봉투는 받지 않은 채 나를 쳐다보고 또 봉투를 쳐다보았습니다. 그리고 말했습니다.

"당신이 그것을 읽고 당신이 정확하다고 평가하면 그게 맞습니다. 내가 굳이 다시 그것을 검토할 필요는 없습니다. 통역은 바르게 되었습니다. 당신은 우리의 대화 기록을 충실히 옮겼다고 당신 상관에게 말할 수 있습니다."

나는 내가 그것을 다 읽었고 필기본을 타이핑했던 속기사에게 말한 모든 기록이 정확하다는 걸 확신한다고 에어럴에게 말했습니다.

"그러면 자 이제 표지에 서명할 건가요?" 나는 물었습니다.

"아닙니다. 나는 서명하지 않습니다" 에어럴이 말했습니다.

"왜 안 하는지 물어봐도 될까요?" 내가 말했고 나는 이런 간단한 일을 에어럴이 왜 하지 않으려고 하는지 잠깐 의아했습니다.

"당신 상관은 자신에게 아주 정직하고 정확한 보고를 하는 자기 부하조차 믿지 못하는데 내가 종이에 한 사인이 그에게 무슨 신뢰를 주겠습니까? 자신의 충직한 부하는 믿지 않으면서 왜 도메인의 장교가 종이에 묻힌 잉크 자국은 믿나요?"

나는 잠시 할 말을 잃었습니다. 에어럴의 논리적인 말에 반박할 수도 없었고 서류에 사인하라고 강요할 수도 없었습니다. 이제 뭐를 해야 하나 잠시 혼란스러운 동안 의자에 앉았습니다. 나는 에어럴에게 고맙다고 하고 다음 지시사항이 있는지 내 상관에게 가봐야 한다고 했지요. 그리고 사본 봉투를 내 유니폼 재킷 안주머니에 넣고 나는 의자에서 일어났습니다.

에어럴에게 확인을 요구하다

그 순간 갤러리가 있는 쪽 문이 거칠게 열리고 다섯 명의 무장한 헌병이 방으로 밀고 들어왔습니다! 실험실용 흰색 가운을 입은 한 남자가 그들 뒤를 바싹 따라왔습니다. 그는 표면에 다이얼이 많이 부착된 상자처럼 생긴 기계를 실은 작은 카트를 밀고 왔습니다.

내가 무슨 반응을 하기도 전에 헌병 두 사람은 에어럴을 꽉 잡고 우리가 인터뷰를 시작한 첫날부터 앉았던 그 둔탁한 의자에 붙들어 앉혔습니다. 다른 두 헌병은 내 어깨를 잡고 의자에 앉힌 채 꼼짝 못하게 눌렀습니다. 한 명은 에어럴 앞에 똑바로 서서 에어럴 머리에서 6인치도 안 되는 거리에서 총을 겨누었습니다. 흰색 가운을 입은 남자는 에어럴 의자 뒤로 재빨리 카트를 옮겼습니다. 그는 에어럴 머리에 능숙하게 동그란 머리 밴드를 씌우고 카트에 있는 기계로 돌아서서는 갑자기 '이상 무!'라고 외쳤습니다.

에어럴을 잡고 있던 군인이 그녀를 놓아주자 에어럴의 몸이 뻣뻣해지고 떨리는 것을 나는 보았습니다. 15초에서 20초 정도 그 상태가 계속되었고 가운을 입은 남자가 기계 손잡이를 돌리자 에어럴의 몸은 의자 뒤로 쑥 빠져버렸습니다. 몇 초 후에 그는 기계 손잡이를 다시 돌렸고 에어럴 몸은 다시 뻣뻣해졌습니다. 그는 같은 동작을 대여섯 번도 넘게 반복했습니다. 나는 의자에 앉은 채 내내 헌병에게 잡혀 있었습니다. 나는 도대체 무슨 일이 일어나고 있는지 전혀 파악할 수 없었고 눈 앞에 벌어지는 일들이 너무 무서워 꼼짝 못하고 얼어붙어 있었습니다. 도대체 믿을 수가 없었습니다!

그렇게 몇 분이 지나고 흰색 가운을 입은 대여섯 명의 남자들이 또 방으로 들어왔습니다. 그들은 의자에 축 늘어져 있는 에어럴을 간단하게 검사했습니다. 그들끼리 몇 마디 중얼거리더니 남자 한 명이 갤러리가 있는 방 창으로 손을 흔들었습니다. 그 즉시 두 명의 보조원이 방으로 환자용 이동침대를 끌고 왔습니다. 에어럴의 늘어진 몸을 들어 침대에 옮기고 그녀의 가슴과 팔을 가죽띠로 묶어 방을 나갔습니다.

    나는 곧바로 헌병들의 호위를 받으며 인터뷰 룸을 나와 내 숙소로 옮겨졌습니다. 나는 내 방에 감금되었고 헌병들은 문 밖에서 나를 감시했습니다. 30분쯤 지나고 누군가가 내 숙소 방문을 노크했습니다. 문을 열자 기계를 만지던 흰색 가운 남자와 함께 트와이닝 장군이 들어왔습니다. 장군은 그 남자가 월콕스 박사라고 내게 소개했습니다. 장군은 자신과 박사와 함께 갈 데가 있다고 말했습니다. 우리는 숙소를 나왔고 헌병들은 우리를 따라왔습니다. 몇 군데를 구불구불 돌고 건물을 지나쳐 나는 에어럴이 환자용 이동 침대에 실려서 간 작은 방으로 갔습니다.

    장군은 에어럴과 도메인을 미합중국에 심각한 군사적 위협으로 간주했다고 말했습니다. 에어럴이 인터뷰에서 기지로 돌아갈 것이라고 말했으므로 그녀가 여기를 떠나 기지로 돌아가지 못하도록 하기 위해 그녀를 묶어두었던 것입니다. 에어럴이 미군 기지에 있는 동안 그녀가 보았던 것들을 도메인에 보고하도록 놓아두면 미국 안보에 심각한 위협이 될 것으로 판단하여 이를 막을 단호한 조치가 취해진 것이라고 했습니다. 왜 이런 조치가 필요한지 이해했느냐고 장군은 내게 물었습니다. 인터뷰 룸에서 일어난 '갑작스런 공격'에 대해 전혀 수긍하지 않았고 그럴 필요가 눈곱만큼도 없다고 생각했지만 나는 이해했다고 말했습니다. 내가 이의를 제기하면 에어럴과 나에게 어떤 일이 일어날 지 너무 무서웠기 때문에 나는 이에 대해 아무 말도 하지 않았습니다.

에어럴에게 확인을 요구하다

월콕스 박사가 내게 침대로 가서 에어럴 옆에 서라고 했습니다. 에어럴은 미동도 없이 여전히 침대에 누운 채였습니다. 그녀가 살았는지 죽었는지조차 알 수 없었습니다. 박사들로 보이는 흰색 가운을 입은 대여섯 명의 남자들이 침대 건너편에 섰습니다. 그들은 에어럴의 머리와 팔과 가슴에 두 개의 모니터 장치를 연결했습니다. 이 중 하나는 내가 간호 훈련 중에 접했던 뇌파 측정에 쓰는 EEG라는 기계였습니다. 다른 하나는 일반 병원에서 사용하는 생체 신호 감지기로 생물학적 몸이 아닌 에어럴에게는 아무 소용도 없는 것이었습니다.

월콕스 박사는 군 당국이 에어럴을 어떻게 할 것인지 결정하고 이 상황을 평가 분석할 충분한 시간을 벌기 위해 에어럴에게 '약한' 전기 충격 요법을 집행한 것이고 진입을 시도한 것이라고 내게 설명했습니다. 그는 에어럴과 텔레파시로 소통해 보라고 했습니다. 나는 몇 번이나 해봤지만 에어럴한테서 어떤 반응도 느낄 수 없을뿐더러 그녀가 그 몸에 있는지 어떤지조차 감이 잡히지 않았습니다!

"당신이 그녀를 죽인 거 같아요"라고 박사에게 말했습니다. 월콕스 박사는 에어럴을 좀 더 지켜 볼 것이고 에어럴과 다시 소통을 시도하게 되면 나를 다시 이 곳에 오도록 요청할 것이라고 말했습니다.

Chpter 16.
취조

취조

마틸다 오도넬 맥엘로이 여사의 개인적인 메모

다음 날 아침 나는 헌병의 호위를 받으며 숙소를 나와 다시 인터뷰 룸으로 갔습니다. 에어럴의 둔탁한 의자는 방에 없고 대신 작은 테이블과 사무용 의자 몇 개가 놓여져 있었습니다. 인터뷰를 할 테니 앉아서 기다리라고 했습니다. 몇 분 지나자 윌콕스 박사가 평범한 정장 차림의 한 남자와 함께 방으로 들어왔습니다. 남자는 자신을 존 레이드라고 소개했습니다. 레이드씨는 내 상관의 요청으로 나에게 거짓말 탐지기 테스트를 하기 위해 시카고에서 온 것이라고 윌콕스 박사가 내게 설명해 주었습니다. 이 말을 듣고 내가 너무 놀라자 윌콕스 박사는 내가 전혀 거짓말을 하지 않았기 때문에 너무 놀라고 모욕적으로 느낀다는 것을 알아차렸습니다.

그럼에도 불구하고 레이드씨는 내 의자 옆 책상 위에서 거짓말 탐지기를 설치하기 시작했고 윌콕스 박사는 조용한 목소리로 이 테스트는 나를 보호하기 위한 것이라고 계속 설명해 주었습니다. 외계인과 한 인터뷰는 모두 텔레파시로 이루어졌고 에어럴은 타이핑된 필기본을 읽어보고 정확한 것인지 입증하길 거부했기 때문에 인터뷰 필기본 내용의 진실성과 정확성을 입증하기 위해 의존해야 할 것은 전적으로 나 맥엘로이 개인적인 말밖에 없게 되었다는 것입니다. 따라서 자신과 같은 '전문가'가 필기본이 신뢰할 만한 것인지 여부를 결정해야 하고 그러기 위해서 나에게 여러 가지 테스트와 심리학적 검사를 해봐야 한다고 했습니다. 그렇지 않으면 필기본의 신뢰성을 확인할 믿을 만한 방법이 달리 없다고 했습니다. 그의 목소리 톤이 풍기는 의미는 매우 분명했습니다. "그렇지 않으면 미친 여자의 망상에서 나온 헛소리로 묵살하겠다!"

레이드씨는 내 팔뚝에 평범한 혈압 측정기를 두르고 가슴은 고무관으로 둘러싸 묶었습니다. 그리고 내 손바닥과 손가락에 전극을 부착했습니다. 그는 자신이 과학적인 심문에 관해 철저하게 훈련 받았기 때문에 인터뷰는 매우 객관적으로 이루어질 것이라고 했습니다. 이러한 철저한 훈련은 직접 심문에 들어가면 인간의 실수조차 허용하지 않는다고 했습니다.

레이드씨는 이 인터뷰에 대해 내게 설명해 주었는데 그와 윌콕스 박사가 나에게 할 질문의 반응으로 생리학적 변화가 나타나면 그것이 작은 패널을 통해 전환될 것이라고 했습니다. 전환된 신호는 책상 위에 놓인 기계 옆 그래프 용지에 움직임으로 나타나 읽을 수 있다고 했습니다. 종이 위에 나타난 병렬 그래프를 윌콕스 박사와 레이드씨가 협력하여 상관관계를 밝히고 해석하여 내가 거짓말을 하는지 아닌지 여부를 결정한다고 했습니다.

레이드씨와 윌콕스 박사 두 사람 모두 몇 가지 일상적인 질문으로 시작하다가 점차 에어럴과 한 내 인터뷰에 집중한 취조로 발전시켰습니다.

그 질문에 대해 내가 기억하는 것들은 다음과 같습니다:

"당신 이름은 뭡니까?"
"마틸다 오도넬 맥엘로이입니다"
"생년월일은요?"
"1924년 6월 12일입니다"
"나이는요?"
"23살입니다"
"어디서 태어났지요?"
"캘리포니아주 로스엔젤레스입니다"
등등 이와 같은 질문이 이어졌습니다.
"당신은 텔레파시로 의사 소통을 할 수 있습니까?"
"아니요. 에어럴을 제외하고는 누구와도 텔레파시로 소통해 본 적이 없습니다"
"당신이 속기사에게 진술한 내용 중에 잘못 전한 게 있습니까?"
"아니요. 없습니다"
"당신이 외계인과 한 대화라고 주장한 것 중 의도적이건 의도적이지 않건 상상하거나 꾸며낸 것들이 있습니까?"

"아니요. 당연히 없습니다"

"당신은 의도적으로 누군가를 속이려 한 적이 있습니까?"

"아니요. 없습니다"

"이 테스트를 방해할 생각이 있습니까?"

"아니요. 없습니다"

"당신 눈은 무슨 색깔입니까?"

"파란색입니다"

"당신은 천주교 신자입니까?"

"네 그렇습니다"

"당신은 여기 군사 기지에서 속기사에게 말했던 것을 성당 고해소에서 당신 교구 신부님에게도 하겠습니까?"

"네 그렇습니다"

"당신은 우리에게 숨기려는 것이 있습니까?"

"아니요. 없습니다"

"당신은 외계인이 당신에게 말했던 것을 모두 믿습니까?"

"네 그렇습니다"

"당신은 자신이 남의 말에 잘 속는 사람이라고 생각합니까?"

"아니요. 그렇게 생각하지 않습니다"

이런 식의 질문들이 한 시간 이상 계속되었습니다. 마침내 나는 거짓말 탐지기들을 떼어내고 숙소로 돌아올 수 있었습니다만 여전히 헌병의 호위는 받아야 했습니다.

오후 늦게 나는 인터뷰 룸으로 다시 갔습니다. 이번에는 책상 대신

취조

환자용 이동침대가 놓여져 있었습니다. 윌콕스 박사가 이번에는 간호사를 대동하고 와서는 나에게 이동침대에 누우라고 했습니다. 그는 거짓말 탐지기 테스트 때 대답했던 질문들을 똑같이 다시 하도록 지시 받았다고 말했습니다.

그런데 이번에는 펜토탈 나트륨으로 알려진 '자백 약'을 먹고 질문에 반응하는 것이었습니다. 외과 간호사로 훈련 받은 나는 가끔 마취제로 사용되는 이 최면제(barbiturate drug)를 잘 알고 있었습니다. 윌콕스 박사는 그런 테스트를 받는 데 이의가 있는지 물었습니다. 나는 숨기는 게 전혀 없다고 말했지요.

이 인터뷰에 관해서는 전혀 생각나는 게 없습니다. 아마도 질문에 대한 답변이 모두 끝났을 때 나는 약으로 인해 멍하고 휘청거려 전혀 혼자 방향을 잡지 못해 그들 부축을 받으며 헌병의 호위와 함께 숙소로 돌아가지 않았을까 생각합니다. 그날 밤 나는 아주 평화롭게 잘 수 있었습니다. 그 후로는 더 이상 내게 질문하지 않는 걸로 보아 두 심문 결과 모두 수상한 결과는 아니었던 모양이지요. 고맙게도 내가 기지를 떠날 때까지 더 이상 나를 귀찮게 하는 사람은 없었습니다.

Chapter 17.
에어럴이 떠나다

에어럴이 떠나다

마틸다 오도넬 맥엘로이 여사의 개인적인 메모

　나는 에어럴이 윌콕스 박사로 인해 '무력해진' 이후 3주 동안 좁아터진 내 숙소에 머물며 기지에 남아 있었습니다. 하루 한 차례 에어럴이 윌콕스 박사 팀의 계속되는 감시 하에 침대에 누워 있는 그 방으로 안내되었습니다. 그 방으로 갈 때마다 나는 에어럴과 다시 소통을 시도해 보라는 지시를 받았지요. 매번 반응이 없었습니다. 그건 저를 많이 슬프게 했습니다.
　날이 갈수록 에어럴이 죽었다-이 표현이 적절한 지 모르겠으나-는 느낌이 점차 뚜렷해지며 괴로움이 커져갔습니다. 나는 매일 에어럴과 한 인터뷰의 필기본을 읽고 또 읽으면서 에어럴과 다시 소통할 방법에서 무언가 나에게 남긴 거나 나를 도울 만한 실마리를 찾았습니다. 나는 에어릴에게 서명을 받으려고 가져갔던 그 사본 봉투를 계속 보관하고 있었습니다. 지금까지도 나는 왜 아무도 그걸 나한테서 돌려 받으려 하지 않았는지 이해하지 못하고 있습니다. 그들은 모두 너무 흥분한 상태라 그 사본의 존재를 잊어버리지 않았나 생각합니다. 나는 그들에게 돌려주지 않았습니다. 기지에 남아 있는 내내 내 침대 매트리스 아래에 봉투를 숨겨두었고 그리고는 이후 지금까지 나는 그것을 갖고 있었습니다. 당신이 처음으로 이 필기본을 보는 사람이 되겠지요.

에어럴의 몸이 생물학적인 것이 아니기 때문에 의사는 그 몸이 움직이지 않는 이상 살아있는지 죽었는지 확인할 길이 없습니다. 물론 나는 에어럴이 이즈비로서 의식적으로 그 몸을 살아 움직이게 하지 않으면 몸은 움직이지 않는다는 것을 알고 있었습니다. 이것을 윌콕스 박사에게 설명했습니다. 몇 번이고 이 말을 윌콕스 박사에게 해 주었지만 그 때마다 그는 거들먹거리는 듯한 미소를 띠우고 내 팔을 토닥거리며 다시 소통을 시도해 줘서 고맙다고만 했습니다.

3주가 지날 무렵 윌콕스 박사는, 문제를 더 잘 처리하고자 에어럴을 더 크고 더 안전하며 시설이 더 좋은 군 의료기관으로 옮기기로 군 당국이 결정했기 때문에 더 이상 내가 할 일이 없어졌다고 말했습니다. 그는 그 의료기관이 어디 있는지에 대해서는 말하지 않았습니다. 그것이 내가 에어럴의 인형 몸을 본 마지막이었습니다.

그 다음 날 나는 트와이닝 장군이 서명한 서면 명령을 받았습니다. 내가 미합중국 군 복무를 완료했고 차기 임무로부터 공식 해제되어 후한 군인 연금과 함께 명예 퇴역한다는 내용이었습니다. 그리고 나는 군에 의해 재배치될 것이며 적절한 서류와 함께 나는 새로운 신분을 받게 될 것이라고 했습니다.

서면 명령과 함께 나는 읽고 서명해야 하는 또 다른 서류를 받았습니다. 그것은 비밀 엄수 서약이었습니다. 서류는 어려운 법률 용어로 가득했지만 요점은 아주 분명했습니다. 내가 군 복무 기간 중 보고 듣고 경험한, 그것이 무엇이든 그 어떤 것도 그 누구와도 논하는 일이 없어야 하고, 위반할 시 미 합중국에 대한 반역 행위로 간주하여 사형에 처한다는 내용이었습니다.

나는 정부로부터 보호받기 위해 정부에 의해 보호 받는 희한한 연방 정부의 증인 보호 프로그램에 들어간 것이었습니다. 그 말은 내가 조용히만 지내면 살 수 있다는 뜻이었습니다. 다음 날 아침 나는 작은 군 수송기에 태워졌고 수송기는 새로운 목적지로 향했습니다. 짧은 시간 동안 몇 군데의 수송을 마치고 마침내 나는 포트 팩 근처 몬타나주 글래스고에 도착했습니다.

내가 수송기를 타기로 예정된 전날 밤, 나는 지금까지의 일들을 전체적으로 곰곰이 생각하며 에어럴은 어떻게 되었고 나는 또 어떻게 될지 궁금해하며 침대에 누워있는데 갑자기 에어럴의 '목소리'가 들렸습니다. 나는 튕겨나듯 침대에서 일어났고 스탠드의 불을 켰습니다! 몇 초를 미친 듯이 방을 둘러보았습니다. 그러고 나서야 이즈비로 온 에어럴이라는 걸 깨달았지요. 그녀의 몸은 나와 함께 이 방에 있지 않았고 그럴 필요도 없었습니다.

'안녕~' 하고 그녀가 말했습니다.

그녀 생각의 느낌은 꾸밈이 없고 친근했습니다. 그것은 누가 뭐래도 에어럴이었습니다. 나는 한치도 의심하지 않았습니다!

"에어럴, 아직도 여기에 있나요?" 나는 생각했습니다.

그녀는 여기 있지만 지구에 있는 몸 안에 있는 건 아니라고 했습니다. 윌콕스 박사와 헌병들이 인터뷰 룸으로 공격해왔을 때 그녀는 도메인의 그의 자리로 돌아갔다고 했습니다. 내가 잘 있고 다치지 않고 풀려날 거라 기쁘다고 했습니다.

나는 그 때 에어럴이 어떻게 탈출했는지 궁금했습니다. 그들이 전기 충격 기계로 에어럴을 다치게 했을 지도 모른다고 계속 걱정했었지요. 에어럴은 그들이 전기 충격을 가하기 전에 몸을 떠날 수 있어서 몸에 흐르는 전류를 피했다고 말했습니다. 그녀는 그녀가 안전하고 걱정할 필요가 없다는 걸 나에게 알려주고 싶었다고 했지요. 나는 그렇게 말해 주는 것만으로 무척 마음이 놓였습니다.

내가 에어럴에게 다시 만날 수 있을 지 물어보자 에어럴은 우리는 물리적 몸이 아니라고, 우리 모두가 이즈비라고 안심시켰습니다. 지금 그녀는 항상 소통할 수 있는 시간과 공간 속에서 내가 어디 있는지 찾아낸 것입니다. 에어럴은 나에게 잘 지내길 바란다고 했고 그녀와의 소통은 순간 끝나버렸습니다.

Chapter 18.

맥엘로이여사의 마지막 편지

맥엘로이 여사의 마지막 편지

편저자 주:

 다음 편지는 맥엘로이 여사에게 받은 봉투 안에 다른 메모들과 인터뷰 필기본, 내게 보낸 원본 편지와 함께 '마지막에 읽으세요'라고 표시된 별도의 봉투에 들어 있었던 것입니다. 내용은 다음과 같습니다.

 이 봉투에 있는 다른 서류들은 1947년에 일어났던 일로 이야기가 끝이 납니다만, 정부가 나를 마지막 재배치 지역에 정착시킨 지 몇 달 후부터 나는 정기적으로 에어럴과 소통을 계속했습니다.

 로스웰 사건이 있고 거의 40년이 지난 후에야 내가 에어럴과 텔레파시로 소통을 할 수 있었던 이유 하나를 분명히 알게 되었습니다. 그 이유는 히말라야에서 실종된 3000명의 부대원 중의 한 명이 바로 나였던 것입니다. 도메인 아눈나키 사절단과 탐색 장치 '생명의 나무' 덕분에 실종된 부대원 전원의 소재가 이 시점에서 모두 파악되었습니다.

에어럴과의 소통으로 내가 지구에서 보낸 과거 8000년 동안 생의 기억들을 일부 되찾았습니다. 이 기억들 대부분은 사건들을 오랫동안 되짚는 거에 비해 그다지 중요하지 않았습니다만, 이즈비로서의 내 자각과 능력을 회복하는 데에는 필요한 발판이 되어 주었습니다.

그리고 나는 도메인 원정대에서의 삶에 대한 기억의 조각들을 희미하게나마 찾을 수 있었습니다. 나는 그 곳에서도 간호사였지요. 대부분의 삶에서 나는 계속 간호사였는데, 익숙했기 때문에 간호사가 되기를 고수했습니다. 또 나는 포유류 특히 그들 손보다도 더 벌레 같이 보이는 몸을 가진 도메인 생물학적 존재들의 종족 구성원들 같이, 사람들을 돌봐주는 일이 즐거웠습니다. 인형 몸조차도 가끔씩 수선이 필요하기는 마찬가지입니다.

내 과거에 대해 더 많이 기억함에 따라 나는 내 남은 생은 미래에 있다는 걸 깨달았습니다. 현재 내가 도메인으로 돌아가는 것이 전적으로 불가능한 데에는 변함이 없습니다. 우리가 구제국 전자 스크린을 망가뜨리기 전까지는 살아있는 지옥이라 불리는 지구에서 사는 다른 모든 이즈비들과 마찬가지로 나 역시 영원한 수감자인 것에도 변함이 없지요. 나는 내 생물학적 육체를 더 이상 유지하지 않을 것입니다. 그래서 내가 구제국의 기억 삭제 과정을 거쳐 곧장 윤회하게 되고 과거의 기억이 전혀 없는 또 다른 어린 아기의 몸으로 들어가 전부 다시 시작할 것이라는 걸 강렬하게 자각하고 있습니다.

아시다시피 도메인 원정대 대원들은 수 천년 동안 이 문제를 풀기 위해 노력해 왔습니다. 에어럴이 말하길, 아무리 실종된 부대의 장교와 대원들 모두 어디 있는지 찾아냈더라도 그들이 자유로워지는 것은 지구에 살고 있는 이즈비 스스로에게 달려 있다고 했습니다. 도메인 중앙사령부는 '구조 작업'이 은하에서 해야 할 도메인 원정대의 주임무가 아니기 때문에 지금으로서는 구조 작업을 하는 데 필요한 인력이나 자원을 인가해 줄 수가 없다는 것이지요.

그래서 지구 이즈비들이 감옥에서 탈출을 하려면 내부에서 시작해야 한다고 합니다. 수감자들이 그들 스스로 감옥을 나갈 방법을 찾아내야만 합니다. 이즈비로서의 기억과 능력을 되찾을 다종다양한 방법들이 과거 10000년도 넘게 지구에서 개발되어 왔습니다만 어느 하나 지금까지 지속적으로 효과가 있다는 것을 보여주지는 못했습니다.

약 2500년 전 고타마 싯다르타에 의해 가장 중요하고 의미 있는 돌파구가 조성되었다고 에어럴이 말했었습니다. 그러나 부처님이 가르친 본래의 가르침이나 방법들이 이후 수천 년이 지나면서 분실되거나 수정이 가해졌지요. 부처님의 실용적인 가르침과 방법은 사람들을 노예화하고 통제하여 자기 잇속만 차리려는 사제들에 의해 기계적인 종교 의례들로 왜곡되어 버렸습니다.

그런데 최근 또 하나의 주요한 진전이 있었습니다. 도메인 원정대 우주 통제부 사령관의 지인이 구제국 함대에서 한 때 중요한 엔지니어로 일한 장교였습니다. 그는 약 10000년 전에 구제국 정권의 탄압에 맞서 반란을 주동했다는 이유로 지구행을 선고 받아 '불가촉 천민' 생활을 했던 이즈비였습니다. 그 엔지니어는 수천 년 전에 고도의 과학 즉흥론(Scientific Improvisation Theory)으로 훈련 받은 이즈비였습니다. 이 이즈비는 지구 이즈비와 실종된 부대원 구조에 있어 외견상 해결 불가능해 보이는 문제를 안고 있는 도메인을 돕고자 자신의 전문 지식을 적용했습니다. 그와 그를 도운 그의 부인이 이즈비의 기억 메커니즘을 신중하게 관찰하고 실험적인 분석을 한 결과, 이즈비는 기억 삭제 요법을 받아도 기억을 되찾을 수 있고 잃어버린 능력 역시 회복될 수 있다는 걸 알게 되었습니다.

그들은 자신들의 기억을 회복시켜 주었던 그 효과적인 방법을 함께 알아내고 발전시켰습니다. 마침내 그들은 구제국 생각 제어 시스템 관리자에 의해 발각되는 일 없이 자신들과 다른 이들에게 그 방법을 적용하려면, 그들이 안전하게 훈련 받아야 한다고 생각해 그 방법을 체계적으로 정리하여 표준화하였습니다.

그들의 연구는 이즈비가 동시에 하나 이상의 몸에 거주하고 관리할 수 있다는 것-이전에는 이것이 도메인 장교에게만 특별히 가능한 것으로 인식되었다- 역시 밝혀냈습니다.

이러한 사실을 보여 주는 좋은 예로 그 엔지니어는, 지구의 이전 생에서 오스만 제국의 술레이만 1세였습니다. 그의 보좌관은, 노예였다가 술레이만 1세를 도와 함께 오스만 제국을 통치했던 그의 부인으로 신분 상승한 하렘의 여성이었습니다. 당시 그녀는 동시에 다른 몸에서도 살았는데 그 몸은 엘리자베스 여왕으로서 영국을 통치했습니다. 영국 여왕으로서 그녀는 결혼을 하지 않았지요. 그건 오스만 제국의 술탄과 이미 결혼한 상태였기 때문이었습니다.

이후 술레이만 1세는 영국의 식민지 정치가 세실 로즈로 환생했습니다. 세실 로즈로 사는 그의 생애 중에 그의 부인이자 엘리자베스 여왕이었던 그녀가 이번에는 폴란드 공주로 환생했고 그녀는 불행하게도 말년의 로즈를 쫓아다니지요. 결국 그들은 다시 태어나 부부가 되어 가족을 이루고 다시 평생을 함께 했습니다.

　이런 현상의 주목할 만한 사례가 몇 차례 관찰되었습니다. 그 중 하나가 강철 제련 공정이 동시에 두 몸에 거주하는 같은 이즈비에 의해 발명된 경우입니다. 하나는 켄터키에 사는 켈리라는 사람이었고 다른 하나는 영국에 사는 베세머라는 사람이었습니다. 그들은 동시에 똑 같은 공정을 착상해냈습니다.

　또 다른 예는 전화를 발명한 알렉산더 그레이엄 벨입니다. 전화는 엘리샤 그레이를 포함한 네댓 명의 다른 이들에 의해 동시에 발명되었습니다. 갑자기 전 세계 네댓 군데에서 동시에 착상되었던 것입니다. 이는 복잡한 연구를 수행하면서 네댓 군데의 다른 장소에서 각기 다른 몸을 관리할 수 있는 그런 엄청난 에너지와 능력을 소유한 한 명의 이즈비였던 것입니다!

　이러한 사실이 드러난 덕분에 도메인은 실종된 부대원 몇 몇을 일부 시간만 그리고 한정된 일이기는 하지만 실질적인 임무로 복귀시키는 것이 가능했습니다. 가령 지구에서 생물학적 몸을 입고 있는 두 명의 젊은 여성은 지구에 있으면서 동시에 현재 소행성대에 있는 도메인 원정대 우주 통제부의 통신 교환원으로도 활발하게 일하고 있습니다. 이 교환원이 하는 일은 도메인 원정대와 도메인 사령 본부 사이에서 메시지를 전달하는 것입니다.

　최근 나 역시 지구에서의 삶을 계속 이어가면서 동시에 도메인 원정대에서 맡은 몇 가지 내 임무를 다시 수행할 수 있게 되었습니다. 이렇게 하는 것이 쉬운 일은 아니어서 내 생물학적 몸이 자고 있는 동안만 나는 이 일을 할 수 있습니다.

　이제 영원히 지구에 머물러야만 하지 않는 것이 가능하다는 걸 알게 되어 나는 지금 너무나도 행복합니다. 실종된 도메인 부대원들만이 아니라 지구에 사는 많은 다른 이즈비들도 탈출할 수 있는 희망이 있습니다.

　그렇기는 하지만 이 봉투에 든 정보를 통해 지구의 실질적인 상황에 좀 더 많이 눈을 떠야 모든 이즈비들이 도움을 받을 수 있습니다. 이것이 내가 당신에게 편지와 인터뷰 필기본을 보내는 이유입니다. 나는 당신이 이 문서들을 출판해 주길 바랍니다. 또한 지구 이즈비들이 지구에서 정말로 일어나고 있는 일들을 알 기회를 가지기를 진정으로 바랍니다.

　단언컨대 대부분의 사람들은 이 이야기를 전혀 믿지 않을 것입니다. 너무 황당해 보이지요. '이성적인' 사람은 이 내용의 단 한 마디도 믿지 않을 것입니다. 그래도 그건 단지 자신의 진짜 기억은 삭제 당하고 감옥 행성의 전자식으로 조작된 환영 안에서 거짓 정보를 주입 당한 이즈비에게 '믿을 수 없이 황당해' 보이는 것뿐입니다. 우리는 우리가 처한 현 상황에서 누가 봐도 믿을 수 없다는 이유로 맞닥뜨리고 있는 진짜 현실로부터 우리를 떼어놓는 것을 좌시해서는 안 됩니다.

　솔직히 '이유'라는 것이 실제 현실에서 할 일은 아무것도 없습니다. 이유는 없습니다. 그저 있는 그대로입니다. 우리가 우리의 현 상황의 사실에 직면하지 않았다면 우리는 영원히 구제국의 지배 하에 있을 것입니다. 지금 남아 있는 구제국의 가장 강력한 무기는 그들이 모든 지구 이즈비들에게 어떤 짓을 하고 있는지 모르는 우리의 무지입니다. 불신과 비밀 유지야말로 그들이 가진 가장 효과적인 무기이지요!

동봉한 인터뷰 필기본을 극비에 부친 정부 기관은, 구제국 감옥 관리자가 심은 최면적 명령이 은밀히 주문하는 대로 움직이는 로봇에 불과한 이즈비들에 의해 운영되고 있습니다. 그들은 보이지 않는 노예 주인들에 의해 움직이는 무지한 노예들입니다. 모두 기꺼이 더욱더 노예가 되려는 자들이지요.

대개의 지구 이즈비들은 선량하고 정직하고 진정으로 누구에게 해를 끼치지 않는 능력 있는 예술가, 경영인, 천재, 자유 사상가, 혁명가들입니다. 그들을 가둔 범죄자들 외에는 누구에게도 위협적인 존재가 아닙니다.

그들은 꼭 구제국의 기억 삭제 요법과 최면 요법에 대해 알아야 합니다. 또한 그들 과거의 수많은 생을 기억해야만 합니다. 이것이 가능한 유일한 방법은 우리가 소통하고 조직화하고 반격하는 것입니다. 우리는 다른 사람들에게 이를 알려야 하고 이에 대해 함께 공개적으로 논의해야 합니다. 소통만이 은폐와 억압에 대항할 수 있는 유일한 무기입니다. 이 역시 내가 당신에게 이 이야기를 공개하기를 요청하는 이유입니다. 부디 당신이 할 수 있는 한 최대한 많은 사람들과 이 필기본을 공유하십시오. 지구인들이 여기 이 곳에서 정말로 벌어지고 있는 이 일에 대해 듣는다면 아마 그들은 그들이 누구인지 어디서 왔는지 기억하기 시작할 것입니다.

우선 말로 우리 자신을 해방시키고 구원하는 것으로 시작할 수 있습니다. 우리는 다시 자유로워질 수 있습니다. 아마 우리는 몸을 가지든 가지지 않든 우리의 영원한 미래 어디에선가 직접 만나게 될 것입니다.

외계인 인터뷰

우리 모두의 행운을 기약하며

마틸다 오도넬 맥엘로이

옮긴이의 글

　독자로서 처음 외계인 인터뷰를 읽었을 때의 충격을 지금도 잊을 수가 없습니다. 숨을 멈춘 채 앉은 자리에서 이 책을 다 읽으면서 분노, 두려움, 무기력, 슬픔 그리고 경악 같은 수 많은 감정들이 올라오는 것을 느꼈습니다. 하지만 에어럴이 하는 말들이 너무도 체계적이고 구체적이었기 때문에 터무니 없다는 생각은 들지 않았습니다. 오히려 외계인 인터뷰를 읽으면서 그 동안 내가 가지고 있던 삶과 신, 우주, 외계인, 다른 차원, 윤회, 나라는 존재에 대한 생각들을 좀 더 구체적으로 확인할 수 있었던 아주 소중한 기회였습니다.
　외계인 인터뷰를 읽는 내내 이 책은 모든 사람들이 반드시 읽어야 한다는 생각이 들었습니다. 이 책이 많은 사람들의 사고방식과 믿음체계를 뒤흔들 것이라는 것을 믿어 의심치 않았고, 지금까지 알고 있었던 세상, 자기 자신, 우주, 신 그리고 신과 자신과의 관계에 대해 다른 시각으로 보기 시작할 것이고 그래서 많은 사람들의 삶이 영원히 변할 것이라는 생각이 들었기 때문입니다.
　물론 에어럴이 전하는 메시지를 무조건 믿으라는 말은 아닙니다. 지금까지 우리가 알던 것과는 너무도 다른 것이기에 받아들이기 힘들다는 것도 알고 있습니다. 그러나 이 책을 읽다 보면 이 메시지에 대한 의구심이 저절로 사라질 것입니다. 왜냐하면 이 책은 우리가 부인하고 싶지만 부인할 수 없는 수 많은 진실들을 담고 있다는 것을 스스로 느낄 수 있을 것이기 때문입니다.

일종의 사명감을 가지고 이 책을 번역하였습니다. 그리고 에어럴과 맥엘로이 여사가 이 메시지를 사람들에게 전달하려고 했던 이유, 그것을 공감했기에 조금이나마 보탬이 되고 싶었고 또 이 책을 읽고 나처럼 충격과 감동에 휩싸일 한국 독자들을 생각하면서 감사하는 마음으로 작업했습니다.

다시 한번 이 메시지가 세상에 나올 수 있게 한 에어럴, 맥엘로이 여사 그리고 로렌스씨에게 진심으로 감사 드립니다.

외계인 인터뷰를 처음으로 한글로 번역하여 온라인에 소개하고 외계인 인터뷰 소개말을 써주신 알토이고 박진한 선생님께 모든 한국인을 대신하여 깊이 감사 드립니다.

그리고 외계인 인터뷰를 멋지게 편집해주신 손민서님에게 다시 한번 감사 드립니다.

감사합니다.

옮긴이 유리타

공감과 이해를 통한 믿음

나는 이 책이 좋다. 가장 우스꽝스러운 제목으로, 가장 우스꽝스러운 토픽과 가장 우스꽝스러운 캐릭터로, 가장 충격적이고 잊지 못할 강렬한 '아이러니'와 '깨달음'을 내게 안겨주었기 때문이다.

'외계인 인터뷰'는 내가 살면서 개인적으로 고수해왔던 여러 가지 고정관념들은 물론이고, 이 사회가 강요하는 모든 고정관념과 이데올로기까지 융해시켜주고 말끔히 해독시켜 주었던 책이기도 하다. 솔직히 이렇게까지 냉철하고 현실적인, 진정한 '제3자의 입장'으로 인류 전체를 바라보는 관점을 나는 본 적도 배운 적도 없다.

마치 부모가 아이에게 세상을 가르치듯 다소 냉담하면서도 깊은 사랑을 담은 에어럴의 말은 우리에게 복합적인 감정과 충격적인 일깨움을 전달해주기도 하지만 어딘지 모르게 영혼을 짓누르는 중압감과 거부감도 동시에 안겨준다. 하지만 이런 중압감과 거부감이야말로 인간의 '믿음체계'라는 것이 얼마나 강력한 것인지를 잘 나타내주는 것이고, 우리 인간들이 얼마나 자연으로부터 멀어져 가고 있는지를 잘 반영해주는 힌트가 아닐까 의심해본다.

자연/우주는 늘 빛과 어둠, 음과 양, 남자와 여자, 하늘과 땅, 좋은 것과 나쁜 것, 상반된 양면을 동시에 내포하고 있지만 지금까지의 인류사회는 이런 자연/우주의 '본 모습'을 최대한 무시한 채, 언제나 '양 아니면 음, 선 아니면 악, 천국 아니면 지옥, 나 아니면 너, 내 편 아니면 네

편, 우리나라 아니면 남의 나라, 동양 아니면 서양, 과학 아니면 종교를 선택하라'는 식의 '분리형 사고'를 강요한 것 같다. 그래서 '외계인 인터뷰'와 같은 '극단의 중립적 시각', 즉 '음과 양을 하나로 보는 시각'이 어딘가 불편하고 죄책감을 느끼게 만드는 것은 아닐까?

당신이 요리를 하는 사람이든, 예술을 하는 사람이든, 병을 고치는 사람이든, 비즈니스맨이든, 글을 쓰는 사람이든, 남을 가르치는 사람이든, 과학자이든, 영화 감독이든지 간에, 우리가 눈에 볼 수 있는 모든 인간의 '창조물/행동'들은 죄다 우리의 생각과 상상력의 결과물이다. 즉, 먼저 생각하고 상상할 수 있어야 모든 것이 '물질화' 되는 것이며, 이것이 현실세계의 원칙인 것이다.

그렇다면 이 무한한 우주에서 모래알같은 작은 지구 행성에 사는 개미보다도 작은 인간들이, 무슨 근거와 오만으로 본인들의 의식세계를 작디 작은 '박스' 안에 가둬놓고 "이게 삶의 전부요~!"라고 외칠 수 있단 말인가? 우리가 지금까지 축적해 온 모든 상상과 고정관념의 틀을 허물어버리고, 우리를 계속해서 작게 만드는 '삶의 모든 두려움'으로부터 완벽히 해방되어, 더 크고 더 넓게 세상을 바라보고, 더 많은 것을 배워, 더 큰 목표와 긍지를 안고 살아가는 것이야말로 진정 우리 모두가 자유로워지는 길이며, 내면 깊숙이 잠재돼 있는 신적인 능력을 전부 발휘하는 방법이라고 에어럴은 우리에게 신신당부하고 있다. 그리고 나 역시 이에 대해 깊은 공감과 감사를 표할 수 밖에 없다.

정치, 종교, 사회, 과학, 예술, 문학. 나는 우리 모두가 세상에 존재하는 모든 것을 완벽하게 공감하고 이해할 수 있는 능력을 가지고 있다고 믿는다. 그리고 어쩌면 에어럴의 말처럼 우리 내면의 '참나'는 이미 '세상의 모든 진리'를 알고 있고, 우리는 단지 이를 '기억해내기만 하면'

되는지 모른다.

　인류가 이제까지는 '강요로 인해 머리로 수긍하는 시대'를 살아왔다면, 앞으로는 우리 모두가 진정 '공감을 통해 마음으로 이해하는 시대'를 맞이하게 된 것은 아닌가, 또한 '외계인 인터뷰'라는 책이 이러한 새 시대의 도래를 알리는 먼 뱃고동 소리가 아닐까 내심 희망해보는 것이다. 그리고 이렇게 '우리 모두가 마음으로 이해하고 공감할 수 있는 문명'이야말로 우리 지구인들이 궁극적으로 이루어야 할 문명이고 숙명이 아닐까 나 역시 잊혀진 기억 속을 한 번 되돌아 보게 된다.

> "합리적인 사람은 자신을 세상에 맞추려 한다
> 하지만 비합리적인 사람은 끈질기게 세상을 자신에게 맞추려 한다
> 고로 모든 진전/개혁은
> 비합리적인 사람들에게 달린 것이다"
>
> 조지 버나드 쇼

디지털 콘텐츠 큐레이터, 박진한
www.wordpress.altoego & cafe.naver.com/altoego

아이커넥에서 출간될 책들

••• 파이어 사이드 시리즈의 책들
우주와 당신에 관한 고대 지혜를 가르치는 위대한 스승 람타의 명강의 모음

Defining the Master —람타—

"당신들 모두에게 마스터의 삶이 존재한다"

Changing the Timeline of Our Destiny —람타—

"위대한 작업을 통해 현실을 바꾼다"

FORGOTTEN GODS
Waking Up —람타—

"관찰자만이 길을 안다"

Crossing the River —람타—

"삶의 비밀은 저 멀리 당신 밖에 있는 것이 아니다"

A Master's Key For Manipulating Time —람타—

"시간여행, 과거와 미래를 바꾼다"

Making Contact —람타—

"우리의 혼이 갈구하는 것은 무엇인가?"

Buddha's Neuronet for Levitation —람타—

"우리 자신을 정복하고 감정을 입고 있는 우리 몸을 정복하면?"

Who Are We Really?
—람타—

"당신이 신이라는 걸 당신은 모르는가?"

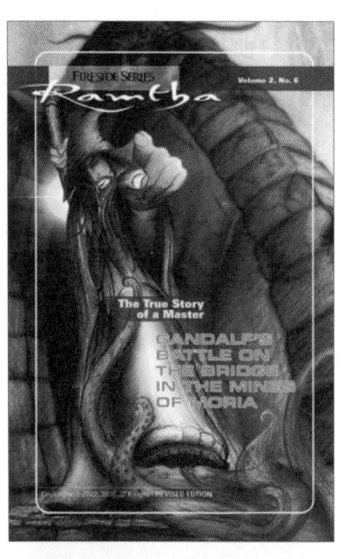

The True Story of a Master
(Gandalf's Battle on The Bridge in The Mines of Moria) —람타—

"인간 대 관찰자, 그에 얽힌 이야기를 알고 싶다면 반지의 제왕을 읽어라"

When Fairy Tales Do Come True —람타—

"신데렐라의 넝마가 아름다운 드레스로 바뀌는 것을 설명할 수 있는 것은 수학뿐, 그것이 양자역학이다"

Prophets of Our Own Destiny —람타—

"보이지 않는 것들로부터 당신을 차단시키는 것, 그것을 제거하라"

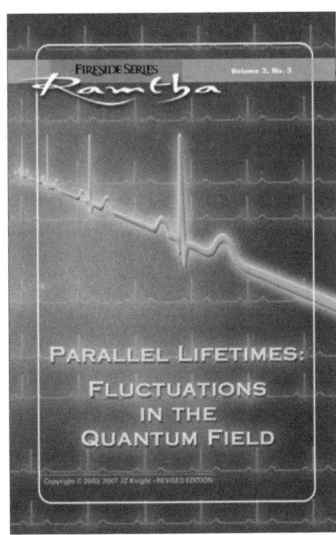

Parallel Ligetimes : Fluctuations in The Quantum Field
(평행현실 : 양자장의 요동)   —람타—

"누가 위대한 창조의 설계자인가?"

Jesus The Christ: The Life of a Master —람타—

우리 모두를 위한 동화

아침식사는 구름으로
글 로라 에이슨
그림 켄트 시스나

"구름의 변화 무쌍함과 작가의 상상력으로 장식한 무한한 가능성의 여정에 독자를 초대합니다"